室内设计
手绘表现技法

向慧芳 编著

U0252301

清华大学出版社
北 京

内 容 提 要

本书以室内设计表现为核心，结合室内设计单体与单体组合、室内空间局部、室内空间整体效果图手绘步骤解析，全面地诠释了室内设计手绘的表现技巧。

本书实例丰富全面，步骤讲解详细，对手绘的重点知识部分进行了细节分析，具有很强的针对性和实用性，便于读者直接了解与学习手绘的表现技巧。

本书既可以作为高等院校、高职高专以及各大培训机构的室内设计与产品设计等相关专业的教材，也可以作为室内设计爱好者的参考用书。

图书在版编目 (CIP) 数据

室内设计手绘表现技法 / 向慧芳编著. —— 北京：清华大学出版社，2016（2023.8 重印）

（设计手绘教学课堂）

ISBN 978-7-302-43460-3

Ⅰ. ①室… Ⅱ. ①向… Ⅲ. ①室内装饰设计—绘画技法 Ⅳ. ① TU204

中国版本图书馆 CIP 数据核字（2016）第 078258 号

责任编辑：秦 甲 李春明
封面设计：张丽莎
责任校对：王 晖
责任印制：宋 林

出版发行：清华大学出版社
　　　　　网　　　址：http://www.tup.com.cn，http://www.wqbook.com
　　　　　地　　　址：北京清华大学学研大厦 A 座　　　　　邮　　编：100084
　　　　　社 总 机：010-83470000　　　　　邮　　购：010-62786544
　　　　　投稿与读者服务：010-62776969，c-service@tup.tsinghua.edu.cn
　　　　　质 量 反 馈：010-62772015，zhiliang@tup.tsinghua.edu.cn
印 装 者：涿州市般润文化传播有限公司
经　　销：全国新华书店
开　　本：185mm×260mm　　　印　张：20.25　　　字　数：391 千字
版　　次：2016 年 7 月第 1 版　　　印　次：2023 年 8 月第 4 次印刷
定　　价：75.00 元

产品编号：066564-01

前言/Preface

关于室内设计手绘表现技法

随着时代的发展与艺术设计的进步，设计手绘效果图越来越受到广大设计人员的青睐。室内设计手绘表现是相关专业和相关从业者必备的基本技能之一，手绘在现代的设计中有着不可替代的作用和意义。

本书编写的目的

编写本书的目的是使广大读者了解室内设计手绘的表现技法和表现步骤，能够清楚地认识到如何把设计思维转化为表现手段，如何灵活地、系统地、形象地进行手绘表达。

读者定位

- ▲ 高校建筑设计、室内设计、园林景观、环境艺术设计等专业的在校学生。
- ▲ 各培训机构马克笔手绘培训人员。
- ▲ 美术业余爱好者、马克笔手绘爱好者。
- ▲ 装饰公司、房地产公司以及相关从业者。

本书优势

全面的知识讲解

本书内容全面，案例丰富多彩，涉及知识涵盖面广，透视关系、画面构图、色彩知识、室内设计陈设单体等都有讲解，并且从室内设计单体、单体组合和空间局部设计手绘表现到客厅、卧室、书房、餐厅等大空间的手绘表现都有案例说明。

丰富的案例实践教学

本书更加注重实例的练习，不仅包括沙发、椅子、茶几、柜子、装饰品等单体元素的表现，而且包括家居空间、商业空间、办公空间等效果图的综合表现，采用手把手教学的方式来讲解马克笔手绘技法。

多样的技法表现

本书室内手绘表现技法全面，既有针管笔室内设计透视实践线稿练习，也有马克笔绘制室内设计手绘效果图。

直观的教学视频

本书附赠超值的学习套餐，包括电子课件、教学视频。视频可通过读者QQ群免费下载，其内容与图书相辅相成，读者通过观看视频，可以提高学习效率。

本书作者

本书主要由向慧芳编写，并负责全书统稿。参加图书编写和资料整理的还有：李红萍、陈运炳、申玉秀、李红艺、李红术、陈云香、陈文香、陈军云、彭斌全、陈志民、林小群、刘清平、钟睦、刘里锋、朱海涛、廖博、喻文明、易盛、陈晶、张绍华、黄柯、何凯、黄华、陈文轶、杨少波、杨芳、刘有良等。

由于作者水平有限，书中难免存在疏漏之处，敬请广大读者批评、指正。

编　者

CONTENTS 目录

第1章

手绘概述与工具的选择

1.1 手绘的内涵及其重要性 2

1.2 手绘效果图的类型 3

    1.2.1 写生手绘图 3

1.2.2 设计方案草图 3

1.2.3 表现性手绘效果图 4

1.3 基础工具介绍 5

    1.3.1 笔类 5

    1.3.2 纸类 9

    1.3.3 其他工具 10

1.4 手绘常见问题 11

    1.4.1 坐姿 11

    1.4.2 画面脏乱 11

1.5 课后练习 12

第2章

手绘基础线条与明暗关系

2.1 线条的重要性 14

2.2 线条的类型 14

    2.2.1 直线 14

2.2.2 曲线 17

2.2.3 抖线 17

2.3 线条的练习与运用 18

2.4 线条练习常见问题 19

2.5 光影与明暗 19

2.6 光影与明暗的表现

    形式 20

    2.6.1 线条表现 20

    2.6.2 线与点的结合表现 22

2.7 课后练习 22

第3章

手绘透视与构图原理

3.1 透视的内涵及其
    重要性 24

3.2 透视的类型 25

3.2.1 一点透视 25

3.2.2 两点透视 25

3.2.3 三点透视 26

3.3 透视练习与运用 27

3.4 构图 33

3.4.1 构图的重要性 33

3.4.2 构图要素 34

3.4.3 构图方式 34

3.5 常见构图问题解析 36

3.6 课后练习 36

第4章

色彩知识与常见材质

4.1 色彩的形成与
    重要性 39

4.2 色彩的类型 39

4.2.1 固有色 39

4.2.2 光源色 40

4.2.3 环境色 41

4.3 色彩的属性 41

4.3.1 明度 41

4.3.2 纯度 42

4.3.3 色相 42

4.4 色彩的特性 42

4.4.1 冷色 43

4.4.2 暖色 43

4.5 马克笔上色技巧 43

4.5.1 马克笔的笔触与
      应用 44

4.5.2 马克笔的上色规律 45

4.5.3 马克笔的渐变与过渡
      练习 45

4.6 运用马克笔时常出现的
    问题 46

4.7 马克笔常见材质表现 46

4.7.1 木材 46

4.7.2 石材 47

4.7.3 玻璃与镜面材质 48

4.8 课后练习 49

第5章

室内手绘单体表现

5.1 沙发 51

  5.1.1 欧式沙发 51

  5.1.2 简约沙发 54

  5.1.3 休闲布艺沙发 56

5.2 椅子 58

  5.2.1 简约办公椅 58

  5.2.2 欧式复古椅 60

  5.2.3 中式木椅 62

5.3 桌子 63

  5.3.1 中式木餐桌 64

  5.3.2 欧式装饰桌 67

  5.3.3 美式面桌 70

5.4 床 72

  5.4.1 中式木床 72

  5.4.2 简约布艺床 76

  5.4.3 欧式四柱床 79

5.5 茶几 82

  5.5.1 中式木质茶几 82

  5.5.2 欧式大理石茶几 86

  5.5.3 现代简约茶几 89

5.6 柜子 91

  5.6.1 电视柜 91

  5.6.2 鞋柜 95

  5.6.3 储物柜 97

5.7 灯具 99

  5.7.1 台灯 99

  5.7.2 落地灯 100

  5.7.3 壁灯 102

  5.7.4 吊灯 103

5.8 装饰品 105

  5.8.1 陶瓷装饰品 105

  5.8.2 工艺装饰品 106

  5.8.3 艺术装饰品 108

  5.8.4 盆栽装饰品 109

5.9 课后练习 112

第6章

室内设计手绘家具组合表现

6.1 沙发组合 115

  6.1.1 皮质沙发组合 115

  6.1.2 布艺沙发组合 119

6.2 餐桌组合 123

  6.2.1 长方形餐桌

      组合 123

  6.2.2 圆形餐桌组合 128

6.3 床具组合 132

  6.3.1 平板床组合 132

6.3.2 四柱床组合 138

6.4 茶几组合 143

6.4.1 实木拼接茶几
组合 143

6.4.2 大理石茶几组合 148

6.5 洁具组合 152

6.5.1 陶瓷面盆组合 152

6.5.2 浴缸组合 154

6.6 装饰品组合 159

6.6.1 玄关桌装饰品
组合 159

6.6.2 客厅沙发装饰品
组合 165

6.7 课后练习 168

第7章

室内设计局部表现

7.1 客厅 171

7.1.1 欧式田园风格 171

7.1.2 中式风格 176

7.2 卧室 182

7.2.1 时尚酒店卧室 182

7.2.2 欧式家居卧室 188

7.3 书房 193

7.3.1 中式风格 193

7.3.2 欧式复古风格 198

7.4 厨房 203

7.4.1 乡村田园风格 203

7.4.2 简约风格 209

7.5 餐厅 213

7.5.1 地中海风格 213

7.5.2 欧式田园风格 218

7.6 卫生间 223

7.6.1 现代简约风格 223

7.6.2 地中海风格 227

7.7 课后练习 232

第8章

室内设计手绘综合表现

8.1	家居空间 235
8.1.1	卧室 235
8.1.2	书房 240
8.1.3	客厅 246
8.1.4	餐厅 253

8.1.5　卫生间　259

8.1.6　玄关　265

8.2　办公空间　271

8.2.1　经理办公室　271

8.2.2　会议室　277

8.2.3　办公前台　283

8.3　商业空间　289

8.3.1　酒店大堂　289

8.3.2　KTV 包间　295

8.3.3　专卖店橱窗　301

8.4　课后练习　307

第9章

作品欣赏

范例一　310

范例二　310

范例三　311

范例四　311

范例五　312

范例六　312

范例七　313

范例八　313

手绘是用绘图工具进行绘画的一种表现形式，绘画者要有一定的美术功底。室内手绘是手绘的一种，其选择的都是一些常用的工具，比如笔、纸和尺规等一些小用具。

手绘概述与工具的选择 第 1 章

1.1 手绘的内涵及其重要性

手绘是一个广义的概念，是指依赖手工完成的一切绘画作品的过程。现代室内设计手绘是一种特指，是设计师用绘画手段所完成的平面、立面、剖面、大样图及其空间透视效果等与设计方案相关的一切图纸。

室内手绘效果图是设计师在接单设计时，思维最直接、最自然、最便捷和最经济的表现形式。它可以在设计师的抽象思维和具象的表达之间进行实时的交流和反馈，使客户可以更好地理解设计师的设计方案和表达自己的喜好。手绘效果图是培养设计师对于形态分析理解和表现的好方法，也是培养设计师艺术修养和技巧行之有效的途径。

在以计算机绘图为主流的今天，手绘效果图表现更是设计师参与激烈竞争的法宝。在设计构思时，手绘可以快速勾勒大脑中的灵感以及设计形象，这是用计算机软件无法做到的。加强手绘练习可以提高设计师的艺术修养，是优秀设计师应具备的功底。

手绘效果图的类型

手绘效果图作为设计师设计语言的表现，有很多种类型。常见的表现类型有写生手绘图、设计方案草图、表现性手绘效果图三种。本节将对这几种常见的手绘效果图做简单的介绍。

1.2.1 写生手绘图

在学习手绘初期可以通过写生和临摹照片来练习，通过写生和临摹理解建筑室内空间形状与透视关系、明暗和光影关系之间的联系，提高处理整体画面黑白灰层次的对比、虚实对比的能力。

写生的过程中，一定要注意把握画面空间的主次关系，去繁从简，突出画面的主体，准确地表现出物体的主要特征并加以高度的线条提炼。

1.2.2 设计方案草图

草图是设计师设计方案时对空间的最初感知、想法与最初设计思维的概括，存在着一些不确定的因素，不是设计师最终的设计想法。设计草图可以快速地让客户了解设计师的设计思路，从而能使他们更好地进行沟通。

设计草图的特点是快而不乱，表达概括而清晰。学习设计手绘要养成勾画设计草图的习惯，这不仅能够使手绘者更好地掌握表现设计思路的手绘技巧，为设计者提供更多的创意灵感，还可以练习手绘线条，优美的线条更能体现出设计师的艺术涵养。

1.2.3 表现性手绘效果图

绘制表现性手绘效果图是设计师手绘草图深化的一个过程，它能更准确、真实、统一地表现设计师的设计方案。表现性手绘效果图确定了空间关系的形体、比例、基调、格局等，并以独特的形式展示给客户。这种手绘图形式与手绘者的绘画、设计水平有着直接的联系，这就需要对手绘知识与技能进行长期学习和练习才能掌握。

1.3 基础工具介绍

手绘类的绘图工具和材料多种多样，基础工具包括笔类、纸类与其他辅助工具等。本节着重介绍几种常用的工具。

1.3.1 笔类

笔是手绘时必不可少的工具，在设计手绘的表现技法中常用的有铅笔、钢笔、针管笔和中性笔等。

1. 铅笔

铅笔是一种传统的绘画工具，在设计手绘中常用来绘制底稿，便于修改。铅笔一般分为软铅笔和硬铅笔，软铅笔的标注是 B，硬铅笔的标注是 H。仅用几只铅笔便能描绘出画面结构及光影变化，我们所说的素描便是利用了绘图铅笔的这种特性。

2. 钢笔

钢笔可分为普通钢笔和美工钢笔。钢笔的笔尖是最关键的部分，从粗到细有很多的变化。较细的笔尖可以用来绘制室内手绘的黑白线稿，较粗的笔尖可以用来添加线稿中简单的明暗关系。美工笔的笔尖是略微上翘的，可以用于特殊的绘画表现。钢笔需要灌注墨水，绘制的线条刚劲流畅，黑白对比强烈，画面效果细密紧凑，对所画事物既能精细入微地刻画，亦能进行高度的艺术概括。

铅笔

钢笔

3. 针管笔

针管笔的笔尖具有弹性，而且根据笔尖粗细的不同进行了分类。针管笔能画出很细的线条，而且画出来的线稿都很均匀细致，在设计手绘中的运用比较广泛。一般所用的针管笔都是一次性的，不需要进行灌墨，使用方便。

4. 中性笔

中性笔手绘中的运用十分广泛，其画出的线条粗细较均匀、活泼生动，是刻画物体细节的有力工具。中性笔的使用方便，是初学手绘者练习的画笔之一。

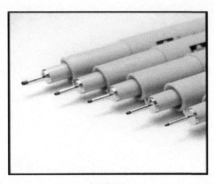
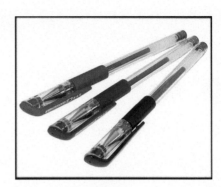

针管笔   中性笔

5. 马克笔

马克笔又称麦克笔，是各类专业手绘表现中最常用的画具之一。马克笔具有色泽清新、透明，笔触极富现代感，使用、携带方便等特点，因此深受广大设计师的喜爱。

马克笔可分为油性、水性和酒精性三种。

● 油性马克笔

油性马克笔快干、耐水，而且耐光性相当好，颜色多次叠加不会伤纸。

● 水性马克笔

水性马克笔颜色亮丽，有透明感，但多次叠加后颜色会变灰，而且容易损伤纸面。若用沾水的笔在上面涂抹，效果跟水彩很类似。

● 酒精性马克笔

酒精性马克笔可在任何光滑表面书写，速干、防水、环保，在设计领域应用广泛。

在手绘表现中，马克笔的缺点是无法限定和保持清晰的边缘，不能完美地表达所有的材质，马克笔的色彩不宜调和，冷暖色彩混淆时会使画面变脏。这里选择市面上性价比较高的一款 Touch 三代马克笔制作了一张 132 色色卡，可供读者了解和参考。

1	2	3	4	5	6	7	8
9	11	13	14	15	16	17	18
19	21	22	23	24	25	27	28
31	33	34	36	37	38	41	42
43	45	46	47	48	49	50	51
52	53	54	55	56	57	58	59
61	62	63	64	65	66	67	68
71	75	76	77	82	83	84	85
86	87	88	89	91	93	94	95
96	97	99	100	102	103	104	107
121	122	123	124	125	132	134	136
137	138	139	140	141	142	143	144
145	146	147	163	164	166	167	169

171	172	175	179	183	185	198	BG1
BG3	BG5	BG7	CG1	CG2	CG3	CG4	CG5
CG6	CG7	CG8	GG1	GG3	GG5	WG1	WG2
WG3	WG4	WG5	WG6				

6. 彩色铅笔

彩色铅笔是一种非常容易掌握的涂色工具，画出来的效果类似于铅笔。彩色铅笔的颜色多种多样，颜色效果比较清新简单，也容易用橡皮擦去。彩色铅笔的种类很多，主要分为水溶性和非水溶性两种。普通的彩色铅笔（非水溶性）不溶于水，着色力弱；水溶性彩色铅笔溶于水，着色力强，涂色后在其表面用清水轻轻涂抹会呈现出水彩画的意味。

在室内设计手绘中，我们既可以用普通的彩色铅笔绘制出铅笔的效果，也可以用水溶性彩色铅笔画出类似于水彩效果图的感觉。常用的彩色铅笔品牌有辉柏嘉、马可、施德楼等。这里选择市面上性价比较高的一款辉柏嘉彩铅制作了一张 48 色色卡，供读者了解和参考。

404	407	409	452	414	483	487	478
476	480	470	472	473	467	463	462
466	461	457	449	443	451	453	445

447	454	444	437	435	434	433	439
432	430	429	427	426	425	421	419
418	416	492	499	496	448	495	404

1.3.2 纸类

室内手绘对纸张的要求不高，打印纸、绘图纸、卡纸、硫酸纸都是常用的绘图用纸。但画纸对图画效果影响很大，画面颜色彩度及细节肌理常常取决于纸的性能。利用这种差异可使用不同的画纸表现出不同的艺术效果。

1. 打印纸

打印纸是勾画设计草图时最常用的，它的表面比较光滑，价格也比较便宜。

2. 绘图纸

绘图纸也是比较常用的，它质地细密、厚实，表面光滑，吸水能力差，适宜用马克笔作画，更适宜墨线设计图，着墨后线条光挺、流畅，墨色黑。

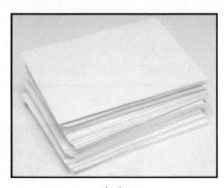

打印纸

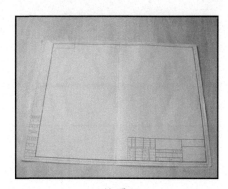

绘图纸

3. 卡纸

卡纸的种类比较多，它有一定的底色，作画时要选择合适的纸张。

4. 硫酸纸

硫酸纸又叫拷贝纸，表面光滑，耐水性差；由于其透明的特性，可以方便地拷贝底图；纸张吃色少，上色会比较灰淡，渐变效果难以绘制。

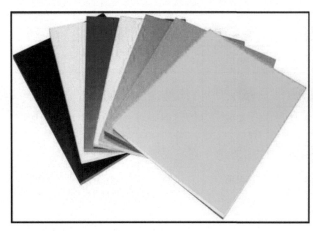

卡纸

硫酸纸

1.3.3 其他工具

手绘除了要用到上面介绍的材料之外，还有工具箱、绘画板、尺子、橡皮、高光笔等，这里就不再做详细的介绍了。

工具箱

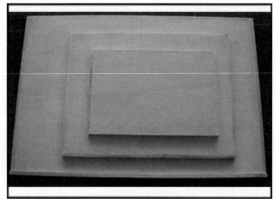

绘画板

尺子

橡皮

高光笔

1.4 手绘常见问题

绘图过程中常存在一些问题，例如初学者不注意绘图的姿势，完成的图画画面脏乱等。初学者在学习的过程要注意这些问题，养成好的作图习惯。

1.4.1 坐姿

坐姿是影响画面效果的重要因素之一。绘图时如果不能保持正确的坐姿，就很难画出理想的线条，也不利于保护视力。正确的坐姿是绘制时，头部与绘图纸保持中正，眼睛和画面的距离最好保持在 30cm 以上，以便观测整个画面，保持整体画面的平衡。如果条件允许，建议大家使用专用设计台。

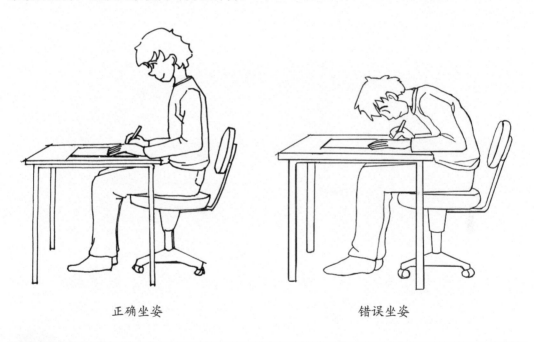

正确坐姿　　　　　　　　　　　　　　　错误坐姿

1.4.2 画面脏乱

画面是设计者思路的直观表现，体现着设计者的构思，脏乱的画面有可能混淆人的思路。如果一个设计者的思路不清晰，就很难表达出他的设计主题。

绘画者的画面是观赏者的第一印象，如果人们看到画面的第一感觉是脏乱，就会给人留下不好的印象；绘画者的画面既然是给人观看的，就应保持画面的干净，给人干净利落的印象。初学者从一开始就应养成好的绘画习惯，以便更好地学习手绘。

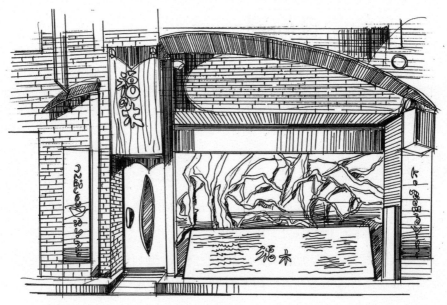

图一

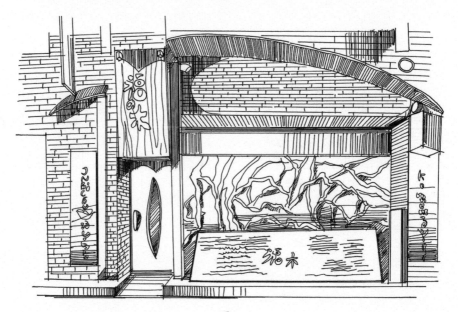

图二

1.5 课后练习

1. 了解室内设计手绘的概念与作用。

2. 练习正确的手绘姿势。

线条是手绘设计表现的基本语言，任何的手绘设计图都是由线条和光影组成的。手绘设计图中的线条具有比形体更强的抽象感，同时还具有较强的动、质感与速度感；手绘设计图中的明暗关系能够更真实地表现画面场景。线条与明暗关系是手绘练习不可缺少的步骤，而练习好线条是开始绘画的根本。

手绘基础线条与明暗关系　第2章

2.1 线条的重要性

线条是手绘中最基础也是最重要的一部分，无论是东方的白描，还是西方的壁画，都是线条的完美组合。它不仅仅是一种绘画技巧，也是一种绘画语言和表现形式，所以掌握线条是开始绘画的根本，是手绘中不可缺少的步骤。

2.2 线条的类型

在手绘设计表现中，线条的表现形式有很多种，常见的几种形式有直线、曲线、抖线等，下面分别对这几种线条进行简单的介绍。

 直线

直线是点在同一空间中沿相同或相反方向运动的轨迹，两端都没有端点，可以向两端无限延伸。在手绘中我们画的直线有端点，类似于线段，这样画是为了线条的美观和体现虚实变化。直线的特点是笔直、刚硬，不容易打断。手绘表现中直线的"直"并不是说像尺子画出来的线条那样直，只要视觉上感觉相对的直就可以了。

1. 手绘直线的特点

（1）整个线条两头重中间轻。

（2）可局部弯曲，整体方向较直。

（3）短线快速画，长线可分段画。

（4）线条相交时，一定要出头，但不可太过。

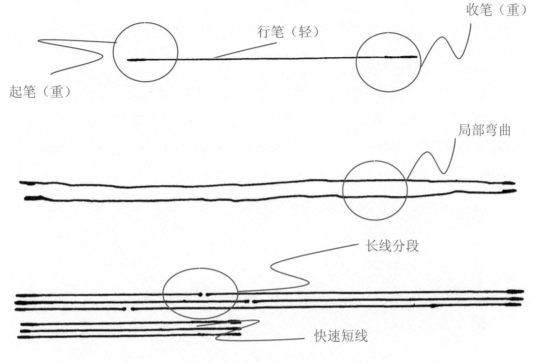

2. 练习手绘直线时典型的错误

（1）线条毛躁，反复描绘。

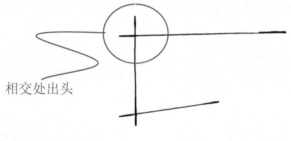

（2）过于急躁，线条收笔带勾。

（3）长线分段过多，线条很碎。

（4）线条交叉处不出头。

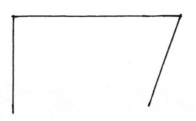

3. 练习手绘直线的方法

　　直线的绘制是手绘最基本的技能，练习手绘直线对提高线条的平衡感有很大的帮助，应反复练习手绘竖线、横线和不同方向的直线。速度要快，忌断线；方法要正确，作业量要多。直线的表现有两种可能，一种是徒手绘制，另一种是尺规绘制。这两种表现形式可根据不同情况进行选择。

曲线是非常灵活且富有动感的一种线条，曲线的绘制一定要灵活自如。曲线在手绘中也是很常用的线型，它体现了整个表现过程中活跃的因素。在运用曲线时，一定要强调曲线的弹性、张力。在练习绘制曲线的过程中，应注意运笔的笔法，多练习中锋运笔、侧锋运笔、逆锋运笔，从中体会不同运笔带来的笔法。练习曲线、折线时应放松心情，达到行云流水的效果，赋予线条生动的灵活性。

2.2.3 / 抖线

抖线是笔随着手的抖动而绘制的一种线条，讲究的是自然流畅，即使断开也要从视觉上给人连上的感觉。

抖线可以排列得较为工整，通过有序抖线的排列可以形成各种不同疏密的面，并形成画面中的光影关系。抖线可以穿插于各种线条之中，与其他线型组织在一起构成空间的效果。

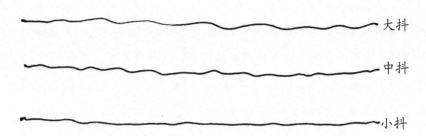

大抖

中抖

小抖

2.3 线条的练习与运用

掌握线条的运用对于初学者来说非常重要。这就要求初学者要利用闲暇的时间进行大量的练习，只有通过不断地反复练习，熟练掌握手中的绘图工具，做到运用自如，才能画好手绘图。简单来说，手绘效果图就是通过不同线条的组合，表现出不同的图案、纹理。掌握线条的综合运用，不仅能使画面更加美观，也能更好地表现绘画者的设计思路。

手绘中线条的练习方式有很多种，一般包括写生、默写和临摹。钢笔手绘线的练习不同于铅笔，对于初学者来说，在线的掌控上很难把握。初学者可以根据自己的习惯与爱好选择性地练习，也可以结合三种方式练习。

1. 写生

手绘写生不仅可以练习线条，还可以练习物体的形体塑造。运用流畅的线条把物体的形抓准了，就为手绘打好了基础，并为画好室内手绘效果图做好了充分的准备。

2. 默写

手绘写生练习的是手眼的协调能力，手绘默写锻炼的是绘画者对图画和景象的记忆能力和主动造型能力。超长的记忆能力是绘画者必备的素养之一，通过默写可以记住线条不同的画法与运用，对画好手绘效果图有很大的帮助。

3. 临摹

临摹分为两种，即被动临摹和主动临摹。被动临摹是把原稿丝毫不差地复制下来，却没有收获；主动临摹是从原稿中吸取精华，获取许多灵感和技法，达到学习的目的。

在学习手绘的初级阶段，初学者可以主动临摹原稿，掌握线条的画法与运用技巧。

2.4 线条练习常见问题

线条的练习对于初学者来说非常重要，它决定了效果图的美观性。在大量练习手绘线条的过程中，要找到适合自己的方法和途径。在练习的过程中也要注意常见的一些问题，只有采用正确的练习方式才能提高手绘能力。

练习手绘线条时经常出现的问题如下。

1. 线条不整齐，草草了之

最开始的练习过程中，许多初学者因为急于求成、心境不稳，从而不能脚踏实地地、一笔一笔地画，画面的线条不整齐，使画面显得凌乱潦草。建议在一张废纸上先试着画一些自己喜欢的东西，慢慢地调整心情，情绪稳定下来之后再开始作图。另外，在经过反复练习仍迟迟达不到效果或者练习了很多仍没有提高时，要保持心情平和，因为手绘是一个需要大量练习的技能，只要坚持就能成功。

2. 线条断断续续，不流畅

手绘过程中用线要自然流畅，用笔的速度不需要刻意地去调整，通过大量的练习，自然而然地就会明白。

3. 线条反复描绘

手绘表现和素描不同，素描可以通过反复描线来确定形体，而手绘则需要一次成型，特别忌讳反复描绘，这样会显得画面很脏且不确定。

4. 画面脏乱

由于有的针管笔墨水干得比较慢，或者纸张受潮，不经意间可能就会使墨水沾得到处都是，导致画面脏乱。保持画面的整洁和完整性是一个手绘初学者的基本素质，同时画面不整洁也会影响自己的心情。

2.5 光影与明暗

有光线的地方就有阴影出现，两者是相互依存的，所以我们也可以根据阴影寻找光源和光线的方向，从而表现一个物体的明暗调子。

首先要对物体的形体结构有正确的认识和理解。因为光线可以改变影子的方向和大小，但是不能改变物体的形态、结构，物体并不是规矩的几何体，所以各个面的朝向不同，色调、色差、明暗都会有变化。有了光影变化，手绘表现才有了多样性和偶然性。我们必须抓住形成物体体积的基本形状，即物体受光后出现的受光部分、背光部分以及中间层次的灰色，也就是我们经常所说的光影与明暗造型中的三大面——亮面、暗面和灰面。它是三维物体造型的基础。尽管如此，三大面在黑、白、灰关系上也不是一成不变的。亮面中也有最亮部和次亮部的区别，暗面中也有最亮暗部和次暗部的区别，而灰面中也有浅灰部和深灰部的区别。

光影、明暗的对比是形象构成的重要手段。光影、明暗关系是因光线的作用而形成的，光影效果可以帮助人们感受对象的体积、质感和形状。在手绘效果图中，利用光影现象可以更真实地表现场景效果。

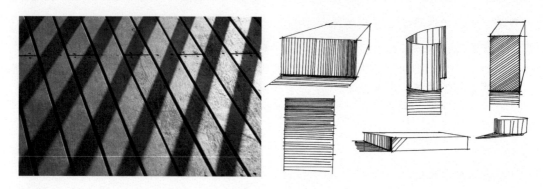

2.6 光影与明暗的表现形式

手绘图中光影与明暗的表现形式有线条表现、点与线条结合表现，光影与明暗的刻画可以让画面中的物体更具厚重感。

2.6.1 线条表现

手绘画面的色调可以用粗细、浓淡、疏密不同的线条来表现，绘画时要注意颜色的过渡。不同线条不同方向的排列组合，会给人不同的视觉感受。画面中的黑白是指画面颜色明度所构成的明度等级，并不是单指画面中的纯黑、纯白，而是比较而言的。所以，在绘画作品中的黑白是相对的。

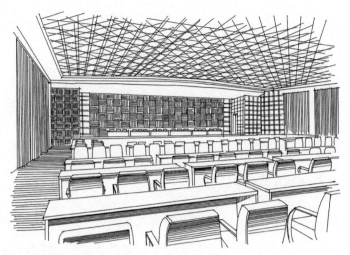

用线条表现光影与明暗的方法有如下几种。

1. 单线排列

单线排列是画阴影最常用的方法，从技法上来讲把线条排列整齐就可以了。注意线条的首尾要排列整齐，物体的边缘线要相交，线条之间的间距要尽量均衡。

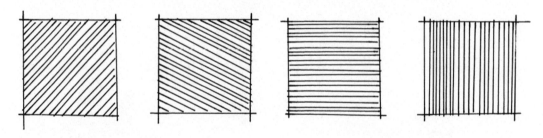

2. 线条组合排列

组合排列是在单线排列的基础上叠加另一层线条排列的结果，这种方法一般会在区分块面关系的时候用到。叠加的那层线条不要和第一层单线方向一致，而且线条的形式也要有变化。

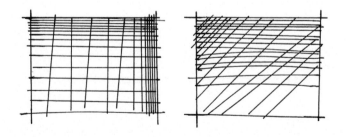

3. 线条随意排列

这里所说的随意，并不代表放纵的意思，而是在追求整体效果的同时使线条变得更加灵活。

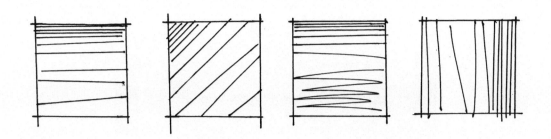

2.6.2 线与点的结合表现

在手绘表现中，点与线结合的表现也是一种常用的方式。手绘图中用点来表现光影效果很好，但是耗时会比较长，用的次数也较少。用点画法配合线画法来表现画面的光影与明暗，通常可以达到事半功倍的效果。

2.7 课后练习

1. 练习绘制不同方向的线条。

2. 绘制几何形状，并练习线条的运用。

手绘效果图是呈现给客户的一幅图画，如何突出主体，把握画面的协调性十分重要。要达到这一目的，必须正确地选择画面的透视与构图。透视与构图是表现技法的基础，也是准确表达设计手绘效果图的法则，将直接影响到整个表现空间的真实性、科学性及美观性。

手绘透视与构图原理 第 **3** 章

3.1 透视的内涵及其重要性

透视是通过一层透明的平面去研究后面物体的视觉科学。"透视"一词来源于拉丁文"Perspclre"（看透），故而有人解释为"透而视之"。最初研究透视是采取通过一块透明的平面去看静物的方法，将所见景物准确描画在这块平面上，即称景物的透视图。后来将在平面画幅上根据一定原理，用线来表示物体的空间位置、轮廓和投影的科学称为透视学。

人的双眼是以不同的角度去看物体的，所以我们看物体时就会产生近大远小、近明远暗、近实远虚，所有物体都往后紧缩的感觉，并在无限的远处交汇于一点，就是透视的消失点。透视对于建筑手绘也是非常重要的，若透视不准确，图画就是失败的。

透视中常用的术语如下。

（1）视点（S）：人眼睛所在的地方。

（2）站点（s）：人站立的位置，即视点在基面上的正投影。

（3）视平线（HL）：与人眼等高的一条水平线。

（4）主点（CV）：中视线与画面垂直相交的点。

（5）视距（d）：视点到心点的垂直距离。

（6）视高（h）：视点到基面的距离。

（7）灭点（VP）：透视点的消失点。

（8）地平线（L）：平地向前看，远方的天地交界线。

（9）基面（GP）：景物的放置平面，一般指地面。

（10）画面（PP）：用来表现物体的媒介面，垂直于地面平行于观者。

（11）基线（GL）：基面与画面的交线。

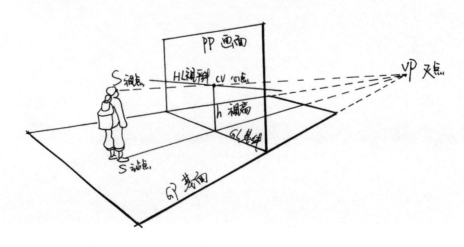

3.2 透视的类型

透视是客观物象在空间中的一种视觉现象，包括平行透视（一点透视）、成角透视（两点透视）和倾斜透视（三点透视）三种类型。

3.2.1 一点透视

定义：平行透视即一点透视。假如把任何复杂的物体都归纳为一个立方体，一点透视就是指立方体在一个水平面上，画面与立方体的一个面平行，只有一个灭点（消失点），简单的理解就是物体有一面正对着我们的眼睛。

特点：只有一个消失点，一点透视具有很强的纵深感，表现的画面看起来比较稳重、严肃、庄重。

平行透视要注意心点的选择，稍稍偏移画面中心点1/3～1/4左右为宜。否则画面容易呆板，形成对称构图。

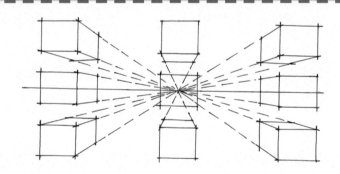

3.2.2 两点透视

定义：成角透视即两点透视。两点透视就是立方体的四个面相对于画面倾斜成一定的角度时，往纵深平行的直线产生了两个灭点（消失点），简单的理解就是物体两面成角正对着我们的眼睛。

特点：有两个消失点，两点透视的运用范围较为普遍，表现的画面效果自由活泼，适合表现丰富和复杂的场景。

两点透视要注意站点的选择，如果站点选择不当，就会造成空间物体的透视变形。

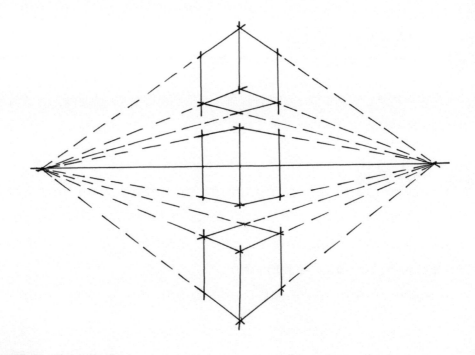

3.2.3 三点透视

定义：倾斜透视即三点透视，有三个灭点（消失点）。三点透视可以理解为立方体相对于画面放置，它的面和棱线都是不平行时，面的边线可延伸为三个消失点，就是物体三面的顶点正对着我们的眼睛。

特点：有三个消失点，三点透视多用于鸟瞰图，用来表示宽广的景物，画面表现更富有冲击力。

提示

三点透视要注意画面角度的把握，因为展现的角度比较广，如果把握不好，容易使画面不协调。

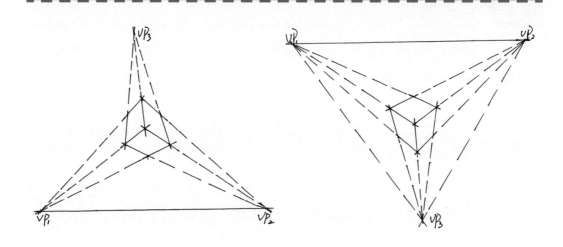

3.3 透视练习与运用

对于室内设计手绘表现来说，透视是非常重要的，也是必须掌握的。前面两节主要讲了透视的概念与类型，那是绘画者必须了解的基础知识。但除了基础的理论知识以外，还要求绘画者明确掌握透视的作图过程，运用透视规律在画面上将平面的二维空间形体转换成具有立体感的三维空间形体，即透视是一种表现室内三维空间的绘图方法，准确地掌握透视的运用对提高手绘效果图的表现十分重要。在练习的过程中，首先我们应该理解透视类型的特点，然后根据实际的应用，选择合适的透视角度来表现画面。下面以一点透视与两点透视为例讲解透视的作图过程。

1. 一点透视练习

（1）用铅笔确定画面的消失点、纵深与视平线的位置，需注意的是画面空间的墙体结构线的延长线都应消失于消失点，还要把握画面整体的空间框架。

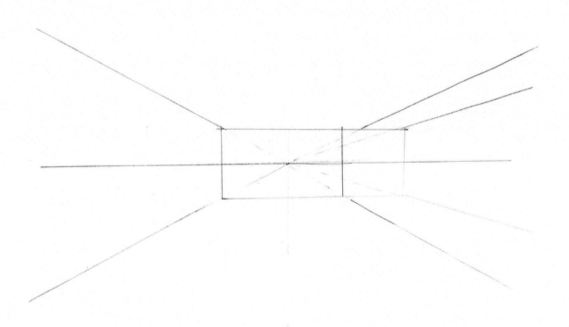

（2）根据空间的透视关系，画面中物体的比例关系要协调，横向与竖向的直线方向不变，成角的线条都消失于画面中的消失点。

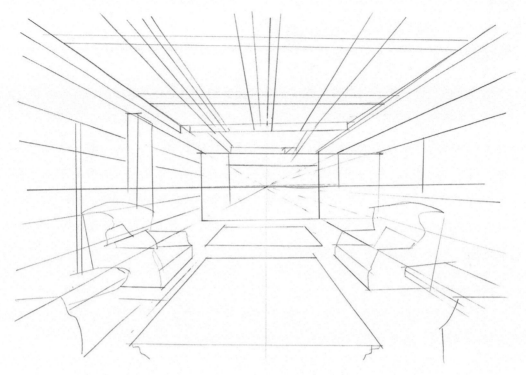

（3）为画面添加单体小物品，画面中前后的物体要有近大远小的对比，注意物体前后的穿插关系。

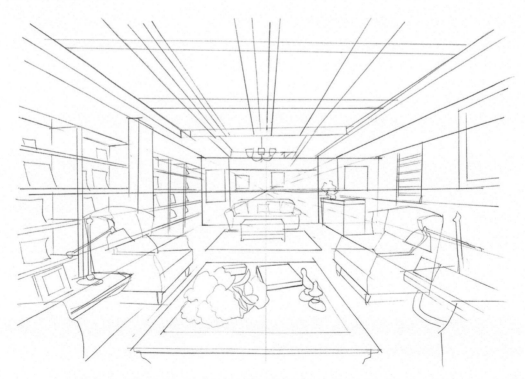

（4）在铅笔稿的基础上用勾线笔绘制出空间墙体与室内单体准确的结构线，注意用线要流畅、肯定。

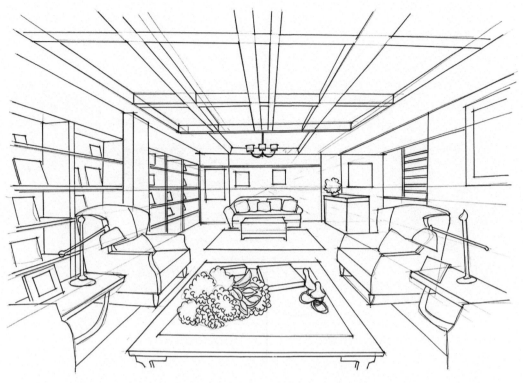

（5）用橡皮擦去画面中多余的铅笔线，保持画面的整洁。

（6）进一步表现物体间的关系和层次，注意画面中明暗、材质肌理的表现，并添加投影使画面更具有空间感。

2. 两点透视练习

（1）用铅笔确定空间的整体框架。在画面中确定其中的一个消失点，另一个消失点在画面外，估计它的大概位置即可，注意两个消失点在同一水平线上。

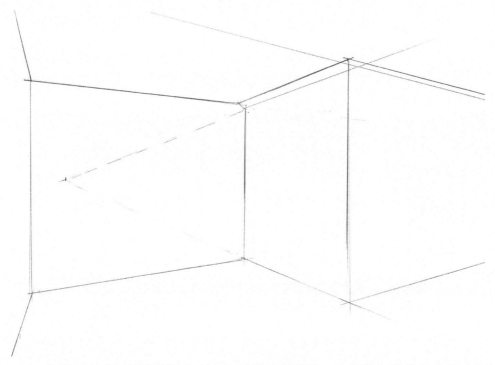

（2）根据两点透视关系绘制室内空间的墙体结构线，注意竖向的线条方向不变，

其他方向的线条都消失于其中的一消失点。

（3）根据两点透视原理继续确定画面中物体的位置与比例关系，注意画面中前后物体之间的穿插关系与虚实关系的对比。

（4）在铅笔稿的基础上用勾线笔绘制出空间墙体与室内单体准确的结构线，注意用线要流畅、肯定。

（5）用橡皮擦去画面中多余的铅笔线，保持画面的整洁。

（6）进一步表现物体间的关系和层次，注意画面中明暗、材质肌理的表现，添加投影使画面更具有空间感。

 # 3.4 构图

构图是手绘表现的一个组成部分，是把各部分组合、配置并加以整理后出现的一个艺术性较高的画面。设计师利用视觉要素在画面上按空间把物体、景物组织成一幅完整的画面。

3.4.1 构图的重要性

构图和设计是一样的，设计师通过构图可以把自己的构思传递给大众。一幅图画的构图显示了作品内部结构和外部结构的一致性，手绘过程中构图是重要的一步。

3.4.2 构图要素

建筑手绘构图要掌握其基本规律，如统一、均衡、稳定、对比、韵律、尺度等。

1. 均衡与稳定

均衡与稳定是构图中最基本的规律，建筑设计构图中的均衡表现稳定和静止，给人视觉上的平衡。其中，对称的均衡表现得严谨、完整和庄严；不对称的均衡表现得轻巧活泼。

2. 统一与变化

构图时在变化中求统一，在统一中求变化；序中有乱，乱中有序；主次分明，画面和谐。

3. 韵律

图中的要素有规律地重复出现或有秩序地变化，具有条理性、重复性、连续性，可以形成韵律节奏感，给人深刻的印象。

4. 对比

建筑构图中两个要素相互衬托而形成差异，差异越大越能突出重点。构图时可以在虚实、数量、线条疏密、色彩与光线明暗方面形成对比。

5. 比例与尺度

构图设计中要注意建筑物本身和配景的大小、高低、长短、宽窄是否合适，整个画面中各要素之间在度量上要有一定的制约关系。良好的比例构图能给人和谐、完美的感受。

3.4.3 构图方式

设计手绘表现中的构图方式有很多种，常见的构图方式包括横向构图与竖向构图，其中横向构图方式是室内空间手绘表现中最常见的构图方式。横向构图的画面一般具有平稳、沉着的特点，使画面的空间显得开阔舒展；竖向构图的画面一般具有挺拔的气势，使画面的空间显得广大空旷。

1. 横向构图

2. 竖向构图

3.5 常见构图问题解析

　　构图是作画时首先需要考虑的问题，画面中主体位置的安排要根据题材等内容来定。研究构图就是研究如何在室内空间中处理好各个实体之间的关系，以突出主题，增强艺术的感染力。构图处理是否得当、是否新颖、是否简洁，对于设计作品的成败关系很大。

　　构图常见的问题：画面过大，即构图太饱满，给人拥挤的感觉；画面过小，即构图小，会使画面空旷而不紧凑；画面过偏，即构图太偏，会使画面失衡。

画面过大

面画过小

画面失衡

画面适当

3.6 课后练习

1. 用一点透视构图绘制图一。

2. 用两点透视构图绘制图二。

图一

图二

一幅体现画面真实性的手绘设计效果图离不开色彩的运用，所以对于色彩的掌握是至关重要的。下面介绍手绘色彩知识以及图画中的上色技巧。现今的生活中，人们越来越多地受到色彩的影响，家居设计也非常讲究色彩与色调的搭配。室内色彩的运用一方面能满足生活功能的需要，另一方面又能满足人的视觉和情感的需要。

　　本章将主要讲解色彩的形成、属性、对比以及不同材质的表现。

色彩知识与常见材质　第 **4** 章

4.1 色彩的形成与重要性

色彩是通过眼、脑和根据自身的生活经验产生的一种对光的感知，是一种视觉效应。人对颜色的感觉不仅仅由光的物理性质决定，比如人类对颜色的感觉往往受到周围颜色的影响。

经验证明，人类对色彩的认识与应用是通过发现差异并寻找它们彼此之间的内在联系来实现的。因此，人类最基本的视觉经验得出了一个最朴素也是最重要的结论：没有光就没有色。白天人们能看到五颜六色的物体，但在漆黑无光的夜晚就什么也看不见了。

经过大量的科学实验可知，色彩是以色光为主体的客观存在，对于人来说则是一种视像感觉，产生这种感觉基于三种因素：一是光；二是物体对光的反射；三是人的视觉器官——眼。不同波长的可见光投射到物体上，有一部分波长的光被吸收，一部分波长的光被反射出来刺激人的眼睛，经过视神经传递到大脑，形成对物体的色彩信息，即人的色彩感觉。

光、眼、物三者之间的关系，构成了色彩研究和色彩学的基本内容，同时亦是色彩实践的理论基础与依据。

在现实生活中，色彩对于人的意义不亚于空气和水。人们的切身体验表明，色彩对人们的心理活动有着重要影响，特别是和情绪有非常密切的关系。比如，红色通常给人带来刺激、热情、积极、奔放和力量的感觉，以及庄严、肃穆、喜气和幸福等的感觉；而绿色是自然界中草原和森林的颜色，有生命永久、理想、年轻、安全、新鲜、和平之意，给人以清凉之感；蓝色则让人感到悠远、宁静等。

4.2 色彩的类型

在一幅设计手绘效果图的表现中，一般颜色基本分为固有色、光源色与环境色。

4.2.1 固有色

固有色，就是物体本身所呈现的色彩。对固有色的把握，主要是准确地把握物体的色相。固有色在物体中所占的比例最大。物体固有色最明显的地方就是受光面与背光面的中间部分，也就是绘画中的灰部。在这个范围内，物体受外部色彩的影响较少，它的变化主要是明度变化和色相本身的变化，它的饱和度也往往最高。

4.2.2 光源色

由各种光源（太阳光、月光、灯光等）发出的光，因其光波的长短、强弱、比例性质不同，形成不同的色光，叫作源色。光源色是光源照到白色光滑不透明物体上所呈现出的颜色，不同的光源会导致物体产生不同的色彩。

光源的颜色是纯色，只与光源本身有关。比如红色的光源，它的颜色就是红色，不管放到什么环境下，都改变不了它的颜色。光源的颜色叠加，会越来越亮。

自然界的白光（如阳光）是由红、蓝、绿三种波长不同的颜色组成的。人们看到的红花，是因为蓝色和绿色波长的光线被物体吸收，而红色的光线反射到人的眼睛的结果。同样的道理，若绿色和红色波长的光线被物体吸收则反射为蓝色，蓝色和红色波长的光线被物体吸收则反射为绿色。

月光   太阳光   灯光

4.2.3 环境色

环境色是指在各类光源的照射下，环境所呈现的颜色。物体表面受到光照后，除吸收一定的光线外，也会有一部分光线反射到周围的物体上，即环境色是受光物体周围环境的颜色，是反射光的颜色。环境色的存在和变化，加强了画面之间的色彩呼应和联系，能够微妙地表现出物体的质感。

环境色是最复杂的颜色，和环境中各种物体的位置、固有色、反光能力都有关。所以环境色的运用和掌控在绘画中显得十分重要。

4.3 色彩的属性

色彩包括三种要素，即明度、纯度和色相。

4.3.1 明度

明度指色彩的明亮程度，如白色明度强，黄色次之，蓝色更次之，黑色最弱。明度主要是由光线强弱决定的一种视觉经验。

明度不仅取决于物体照明的程度，而且取决于物体表面的反射系数。如果我们看到

第4章

色彩知识与常见材质

41

的光线来源于光源，那么明度取决于光源的强度；如果我们看到的光线来源于物体表面反射的光线，那么明度决定于照明光源的强度和物体表面的反射系数。

简单来说，明度可以简单理解为颜色的亮度，不同的颜色具有不同的明度。应用于绘画当中，我们可以通过改变颜色的明度来体现画面所要表达的内容。

4.3.2 纯度

纯度通常是指色彩的鲜艳度，也称饱和度。从科学的角度看，一种颜色的鲜艳度取决于这一色相发射光的单一程度。人眼能辨别的有单色光特征的色，都具有一定的鲜艳度。不同的色相不仅明度不同，纯度也不相同。

4.3.3 色相

色相是色彩的首要特征，是区别各种不同色彩的最准确的标准。事实上，任何黑白灰以外的颜色都有色相的属性，而色相也就是由原色、间色和复色构成的。色相是色彩可呈现出来的质的面貌。

光谱中有红、黄、蓝、绿、紫和橙 6 种根本色光，人的眼睛大约可以分辨出 180 种不同色相的色彩。

色相　　　　　　　　　　纯度　　　　　　　　　　明度

4.4　色彩的特性

色彩本身没有冷暖之分，色彩的冷暖是建立在人的生理、心理、生活经验等方面上的，是对色彩的一种感性的认识。一般而言，光源直接照射到物体的主要受光面相对较明亮，使得这部分物体变为暖色，相对而言没有受光的暗面则变为冷色。

冷色

冷色系来自于蓝色调，比如蓝色、青色和绿色。冷色可以给人距离、冷静、凉爽的感觉。

4.4.2 暖色

暖色系是由太阳颜色衍生出来的颜色，比如红色、橙色、黄色。暖色系可以给人温暖、亲近、舒适的感觉。

4.5 马克笔上色技巧

马克笔是当今很多朋友喜欢使用的工具，它的最大好处是能快速表现使用者的设计意图。马克笔的效果图表现可以洒脱，可以秀丽，也可以稳重。

4.5.1 马克笔的笔触与应用

笔触最能体现马克笔的表现效果，马克笔笔触的排列要均匀、快速，最常见的有单行摆笔、叠加摆笔、扫笔、揉笔带点等。

1. 单行摆笔

摆笔的时候，纸张与笔头保持 45° 斜角，用力均匀，两笔之间重叠部分尽量保持一致。这种形式就是线条简单的平行或垂直排列，最终强调面的效果，为画面建立持续感。

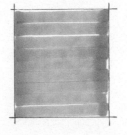

2. 叠加摆笔

笔触的叠加能使画面色彩丰富，过渡清晰。注意：同类色可叠加，对比色不能叠加；叠加颜色时，不要完全覆盖上一层颜色，要做笔触渐变，保持"透气性"。

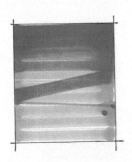
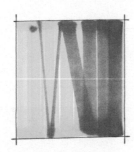
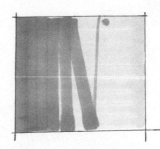

3. 扫笔

起笔重，然后迅速运笔提笔，无明显的收笔，但有一定的方向控制和长短要求，是为了强调明显的衰减变化，一般用在亮部表现，用笔快速扫过。

4. 揉笔带点

常常用于树冠、草地和云彩的绘制，特点是笔触不以线条为主，而是以笔块为主。揉笔带点在笔法上是最灵活随意的，但要有方向性和整体性，不能随处用点笔而导致画面凌乱。

4.5.2 马克笔的上色规律

马克笔的上色具有一定的规律性，具体情况如下。

（1）不要反复地涂抹，否则色彩会变得乌钝，失去马克笔应有的神采。用马克笔上色以爽快干净为好，一般不可超过四层色彩。

（2）用马克笔的绘画步骤与水彩相似，上色由浅入深，先刻画物体的亮部，然后逐步调整暗、亮两面的色彩。

（3）注意马克笔几种错误的笔触运笔。

4.5.3 马克笔的渐变与过渡练习

在用马克笔上色时，应先铺浅色，后上深色，由浅入深，整个过程中要注意颜色的渐变与过渡。

1. 单色渐变与过渡

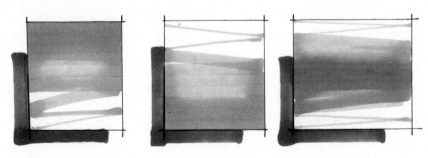

2. 多色叠加渐变与过渡

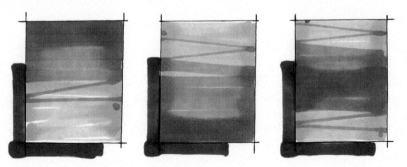

4.6 运用马克笔时常出现的问题

初学者在刚开始学习马克笔的运用时经常会出现以下几种错误。

力度太大失去了马克笔"透"的特点　　　运笔过程中手抖造成线条不均匀

力度不均匀出现缺口　　　有头无尾，下笔过于草率

运笔时手不稳、力度不均匀

4.7 马克笔常见材质表现

材质分别从三个方面体现，即色彩、纹理和质感。色彩是环境空间的灵魂和气质，任何一种材料都会呈现出反映自身特质的色彩面貌，具有排他性。材料的色彩变化会构成典型环境中的主要色彩基调，并以其最强烈的视觉传播作用刺激观者的视觉，乃至引导人们的行为。纹理指材料上呈现出的线条和花纹。质感指材料的色泽、纹理、软硬、轻重、温润等特性，并由此产生的一种对材质特征的真实把握和审美感受。

在表现时，除了注意马克笔用笔的方向还需要注意材质的纹理，以马克笔为主，加以彩铅过渡会取得较好的效果。

4.7.1 木材

木材是一种传统的室内、建筑、景观等设计材料，在室内设计中得到广泛的应用。大量木材的应用可以给人一种自然美的享受，在室内设计中，木材有着不可替代的地位。

1. 人造板材

人造板是以木材或其他非木材植物为原料，加工成单板、刨花或纤维等形状各异的组合材料，经施加（或不加）胶黏剂和其他添加剂，重新组合制成的板材。

2. 自然原木

原木是原条长度按尺寸、形状、质量的标准规定或特殊规定截成的一定长度的木段。

4.7.2 石材

在室内手绘设计中，掌握不同石材的纹理表现是至关重要的。室内设计装饰材料中，常见的石材有大理石、文化石、花岗岩、青石板等。装饰部位的不同，选用的石材类型也不一样。

1. 大理石

大理石板材色彩斑斓，色调多样，花纹无一相同。在绘制时，要表现出大理石的形态、色泽、纹理和质感。用线条表现大理石的裂纹时要自然随意，注意虚实的变化。

2. 文化石

文化石可以分为天然文化石和人造文化石两大类，可以作为室内或室外局部的一种装饰。绘制时要表现出它的形态、纹理和质感。手绘文化石时，注意纹理的表现用短曲线。

3. 花岗岩

花岗岩是深成岩，有肉眼可辨的矿物颗粒。花岗岩不易风化，颜色美观，外观色泽可保持百年以上。由于其硬度高、耐磨损，除了用作高级室内装饰工程、大厅地面外，还是露天雕刻的首选之材。

4. 青石板

青石板常见于园林中的地面、屋面瓦等，质地密实，强度中等，易于加工，可采用简单工艺制作成薄板或条形材，是理想的建筑装饰材料。常用于建筑物墙裙、地坪铺贴以及庭院栏杆（板）、台阶灯，具有古建筑的独特风格。

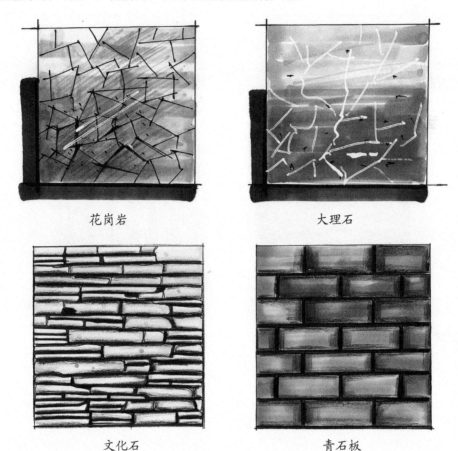

花岗岩　　　　　　　　　　　　　大理石

文化石　　　　　　　　　　　　　青石板

4.7.3　玻璃与镜面材质

　　玻璃是一种透明的固体物质，它在室内设计中的应用非常普遍，门、窗户、家具都有用到。

　　镜面材料和金属材料的反光质感很重要。镜面反光主要表现在家具的受光面、地板的反光、镜子的反光、玻璃的反光、电视机的反光等。金属材质在线条表达上和镜面材质是相同的，主要区分是固有色的不同。

1. 平板玻璃

　　平板玻璃是平板状玻璃制品的统称，具有透光、透明、保温、隔声，耐磨、耐气候变化等性能。

2. 夹丝玻璃

　　夹丝玻璃别称防碎玻璃。它是将普通平板玻璃加热到红热软化状态时，再将预热处理过的铁丝或铁丝网压入玻璃中间而制成的，主要用于屋顶天窗、阳台窗。

 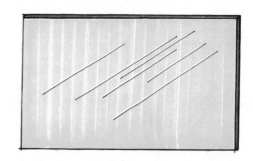

4.8 课后练习

1. 练习马克笔笔触。
2. 用马克笔绘制下图材质。

第4章

色彩知识与常见材质

室内单体是室内设计表现中基础的组成部分，例如，家具是室内陈设中主要的元素之一，作为室内可以移动的陈设，可以营造不同的室内环境氛围。初学者可以从单体开始练习，它的好处是既练习了线条、透视，又掌握了室内设计的单体元素，比纯粹练习线条要强而且有趣得多。本章主要通过铅笔稿到马克笔上色逐一绘制室内单体元素的形态、质感以及家具的风格。室内的单体表现主要包括沙发、椅子、桌子、床、茶几、柜子、装饰品等。

室内手绘单体表现　第 5 章

5.1 沙发

　　沙发在家庭中有着重要的地位，往往能决定居室的主调。沙发具有分隔空间以及组织空间与人流的作用，除此之外沙发最基本的功能是用来日常休息、闲谈及会客。作为家具的一种，沙发有着其他硬质表面家具所没有的表现效果，安放的灵活性也使其在室内空间中更为活跃。沙发作为室内设计的主要单体元素之一，其本身所具有的形式、特征、风格、色彩、内涵等因素都能对室内空间起到一定的影响，从而达到塑造室内空间的作用。

5.1.1 欧式沙发

　　欧式沙发的线条流畅，色彩富丽，艺术感强，给人的整体感觉是华贵优雅，十分庄重。

【绘制步骤】

（1）用铅笔绘制出沙发大概的外形轮廓，把它看成简单的几何长方体。

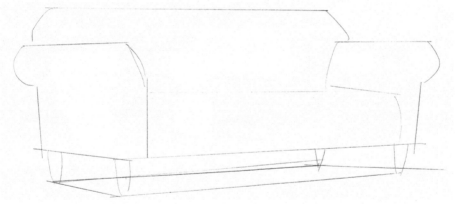

（2）用铅笔绘制沙发的细节纹理，注意线条之间的透视关系。

（3）用勾线笔在铅笔稿的基础上绘制出沙发准确的结构线与纹路线条，注意用线要肯定、流畅。

（4）用橡皮擦去多余的铅笔线，保持画面的整洁。

（5）用排列的线条绘制沙发的暗部与阴影，确定沙发的明暗关系，注意线条的排列方向与疏密关系的表现。

（6）用65号（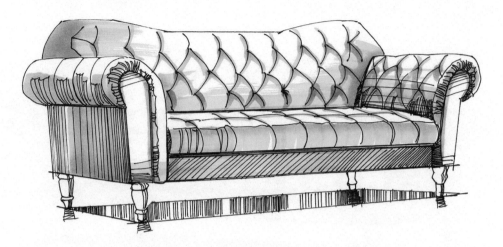）马克笔绘制沙发的第一层颜色，注意马克笔扫笔笔触的运用。

（7）用407号（　　　）彩铅绘制沙发的亮部颜色，注意颜色的渐变与过渡。

（8）用61号（　　　）马克笔加重沙发暗部的颜色，用425号（　　）彩铅丰富沙发的亮部颜色。

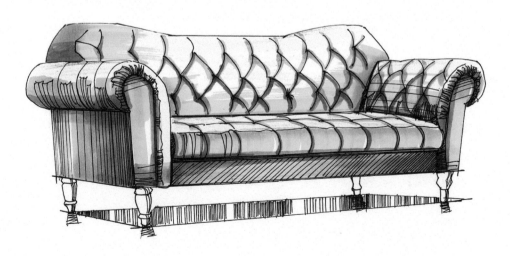

（9）用 GG3 号（　　　）马克笔绘制沙发脚的颜色，用 GG5 号（　　　）马克笔绘制地面的阴影，增强沙发的空间立体感。

（10）用 451 号（　　　）、425 号（　　　）彩铅丰富沙发暗部的颜色，完成沙发单体的绘制。

5.1.2　简约沙发

简约沙发具有流畅的线条、简洁的构成、亮丽的色彩，它谈不上高雅富丽，也不雍容华贵，但却楚楚动人，清新可爱，也可用以点缀生活空间。

【绘制步骤】

（1）用铅笔绘制出沙发大概的外形轮廓，把它看成简单的几何长方体。

（2）用铅笔绘制出沙发的结构，注意线条之间的透视关系。

（3）用勾线笔在铅笔稿的基础上绘制出沙发准确的结构线，注意用线要肯定、流畅。

（4）用橡皮擦去多余的铅笔线，保持画面的整洁。

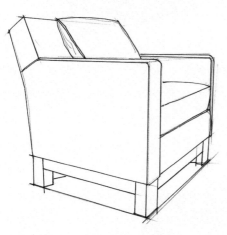
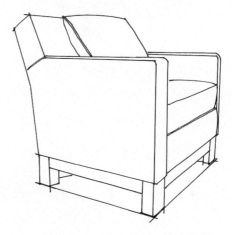

（5）用排列的线条绘制沙发的暗部与阴影，确定沙发的明暗关系，注意线条的排列方向与疏密关系的表现。

（6）用 169 号（　　）马克笔绘制沙发的第一层颜色，注意马克笔笔触的变化。

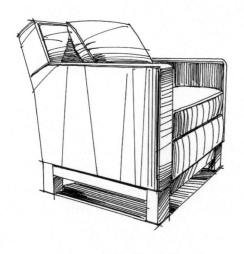
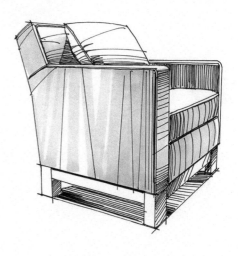

（7）用 139 号（　　　）马克笔绘制抱枕的第一层颜色，用 102 号（　　　）马克笔绘制沙发脚的颜色。

（8）用 100 号（　　　）马克笔绘制沙发的暗部，用 407 号（　　　）彩铅绘制沙发与抱枕亮部的颜色，用 140 号（　　　）马克笔、435 号（　　　）彩铅加重抱枕的暗部。

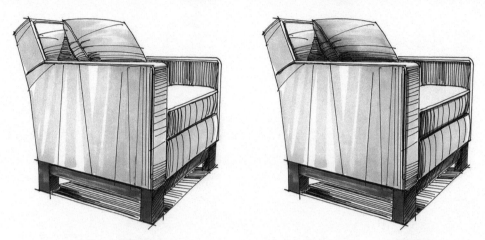

（9）用 480 号（　　　）彩铅加重沙发的暗部颜色，用 CG4 号（　　　）马克笔绘制地面的阴影，用 499 号（　　　）彩铅加重沙发脚与地面交界处的颜色，增强物体的空间立体感。注意马克笔颜色的渐变与过渡，完成单体的绘制。

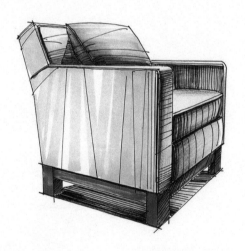

5.1.3 休闲布艺沙发

休闲布艺沙发的设计比较适合年轻人，设计比较符合现代社会、比较超前。沙发色彩丰富，款式多样，一般比较适合现代装修设计风格。

【绘制步骤】

（1）用铅笔绘制出沙发大概的外形轮廓，把它看成简单的几何长方体。

（2）用铅笔绘制沙发的结构细节纹理，注意线条之间的转折关系。

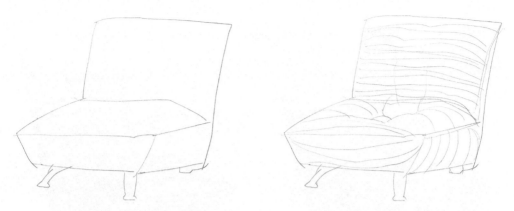

（3）用勾线笔在铅笔稿的基础上绘制出沙发准确的结构线与纹路线条，注意用线要肯定、流畅。

（4）用橡皮擦去多余的铅笔线，保持画面的整洁。

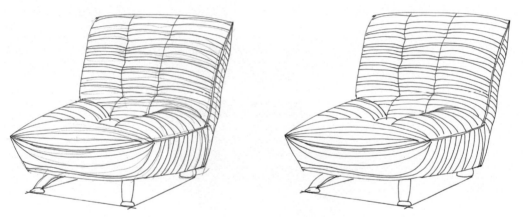

（5）用排列的线条绘制沙发的暗部与阴影，确定出沙发的明暗关系，注意线条的排列方向与疏密关系的表现。

（6）用 169 号（　　　　）马克笔绘制沙发的第一层颜色。

（7）用 179 号（　　　　）、18 号（　　　　）、175 号（　　　　）马克笔绘制沙发的纹理颜色。

（8）用 11 号（　　　　）、64 号（　　　　）马克笔绘制沙发的纹理颜色。

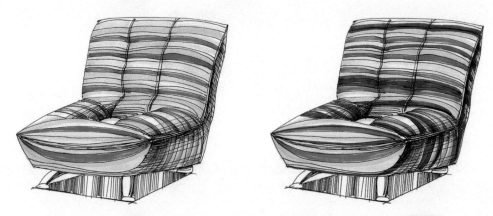

（9）用 480 号（　　　）彩铅加重沙发的暗部颜色，用 CG4 号（　　　）马克笔绘制地面的阴影，增强物体的空间立体感。注意马克笔颜色的渐变与过渡，完成单体的绘制。

5.2 椅子

椅子是家居空间中必不可少的家具之一。椅子的种类很多，按风格主要分为简约办公椅、欧式复古椅、中式木椅等。

5.2.1 简约办公椅

办公椅，是指日常工作和社会活动中为工作方便而配备的各种椅子。狭义的定义是指人在坐姿状态下进行桌面工作时所坐的靠背椅,广义的定义为所有用于办公室的椅子。

【绘制步骤】

（1）用铅笔绘制出办公椅大概的外形轮廓线。

（2）用铅笔绘制椅子的结构细节,注意线条之间的透视关系。

（3）用勾线笔在铅笔稿的基础上绘制出椅子准确的结构线,注意用线要肯定、流畅。

（4）用橡皮擦去多余的铅笔线,保持画面的整洁。

（5）用排列的线条绘制椅子的暗部与地面的阴影,注意线条的排列方向与疏密关系的表现。

（6）用 CG3 号（　　　）马克笔绘制椅子的第一层颜色,注意马克笔笔触的变化。

（7）用 CG4 号（　　　）马克笔进一步加重椅子的暗部颜色,增强椅子的空间立体感。

（8）用 CG6 号（　　　）马克笔继续绘制椅子的暗部与地面阴影,完成办公椅的绘制。

5.2.2 欧式复古椅

欧式家具是欧式古典风格装修的重要元素，以意大利、法国和西班牙风格的家具为主要代表。欧式复古椅讲究手工精细的裁切雕刻，轮廓和转折部分由对称而富有节奏感的曲线或曲面构成，并装饰镀金铜饰，给人的整体感觉是华贵优雅，十分庄重。

【绘制步骤】

（1）用铅笔绘制出复古椅大概的外形轮廓，把它看成简单的几何立方体。

（2）用铅笔绘制复古椅的结构细节，注意线条之间的透视关系。

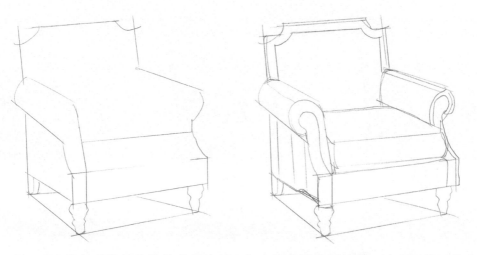

（3）用勾线笔在铅笔稿的基础上绘制出复古椅准确的结构线，注意用线要肯定、流畅。

（4）用橡皮擦去多余的铅笔线，保持画面的整洁。

（5）用排列的线条绘制复古椅的暗部与阴影，注意线条的排列方向与疏密关系的表现。

（6）用185号（<!-- swatch -->）马克笔绘制椅子的第一层颜色，注意马克笔扫笔笔触的运用。

（7）用183号（<!-- swatch -->）马克笔绘制复古椅的二层颜色。

（8）用64号（<!-- swatch -->）马克笔、451号（<!-- swatch -->）彩铅加重椅子的暗部。

（9）用102号（<!-- swatch -->）、97号（<!-- swatch -->）马克笔绘制椅子脚的颜色，用407号

（　　　　）彩铅丰富椅子的亮部，用 CG4 号（　　　　）马克笔绘制地面的阴影，增强物体的空间立体感。注意马克笔颜色的渐变与过渡，完成单体的绘制。

5.2.3 中式木椅

中式的木椅大多以原木为材料，给人一种自然、庄重之感。

【绘制步骤】

（1）用铅笔绘制出木椅大概的外形轮廓，把它看成简单的几何长方体。

（2）用铅笔绘制椅子的结构细节，注意物体体块的表现与结构的转折。

（3）用勾线笔在铅笔稿的基础上绘制出椅子准确的结构线，注意用线要肯定、流畅。

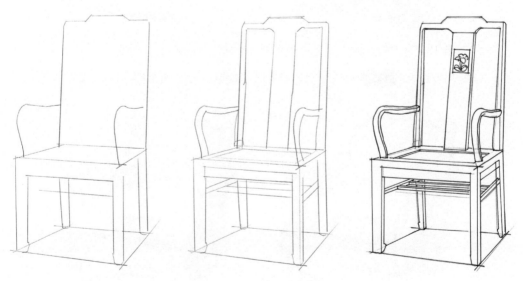

（4）用橡皮擦去多余的铅笔线，保持画面的整洁。

（5）用排列的线条绘制椅子的暗部与阴影，注意线条的排列方向与疏密关系的表现。

（6）用 97 号（ ）马克笔给木质椅子绘制第一层颜色，注意马克笔笔触的变化。

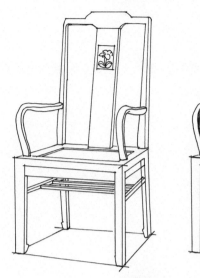  

（7）用 93 号（ ）马克笔加重椅子的暗部颜色，增强椅子的空间立体感。

（8）用 CG6 号（ ）马克笔绘制地面的阴影。注意不要画得太满，完成中式木质椅子的绘制。

5.3 桌子

桌子是指由光滑平板、腿或其他支撑物固定起来的家具，它是家居装饰之一。按照风格也可分为中式木餐桌、欧式装饰桌、美式面桌等。

5.3.1 中式木餐桌

中式的木餐桌是以木材为主要材质制作成的供进餐用的桌子，日常生活中常见的有圆形的木餐桌和方形的木餐桌。

【绘制步骤】

（1）用铅笔绘制出桌椅大概的外形轮廓，把它们看成简单的几何体。

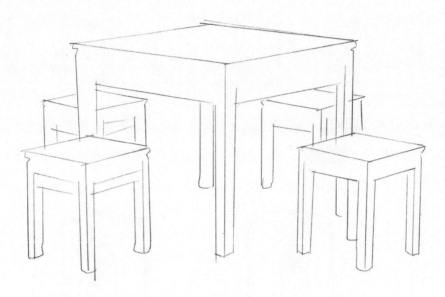

（2）用铅笔绘制桌椅的细节纹理，注意线条之间的透视关系。

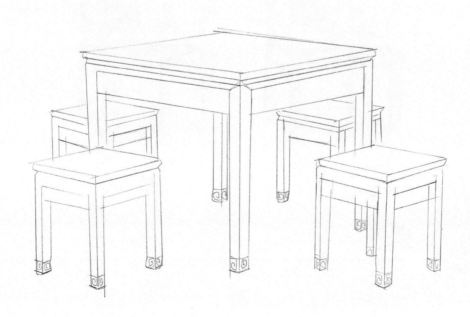

（3）用勾线笔在铅笔稿的基础上绘制出桌椅准确的结构线与纹路线条，注意用线要肯定、流畅。

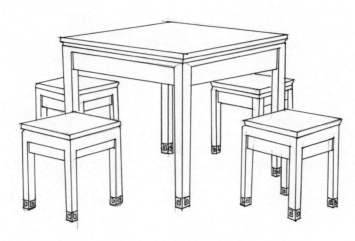

（4）用橡皮擦去多余的铅笔线，保持画面的整洁。

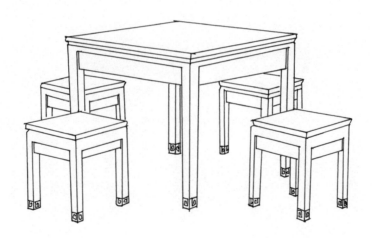

（5）用排列的线条绘制桌椅的暗部与地面阴影，确定画面的明暗关系，注意线条的排列方向与疏密关系的表现。

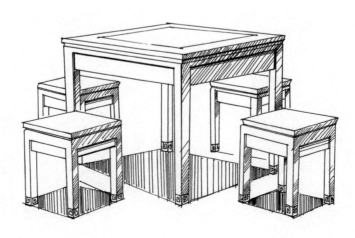

（6）用 49 号（　　　　）马克笔绘制桌椅的第一层 颜色，注意采用马克笔平涂的笔触。

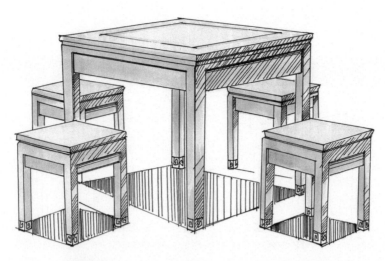

（7）用 169 号（　　　　）马克笔加重桌椅的暗部颜色，增强桌椅的空间立体感。

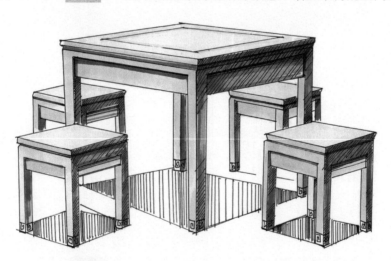

（8）用 GG5 号（　　　　）马克笔绘制地面阴影的颜色，完成单体的绘制。

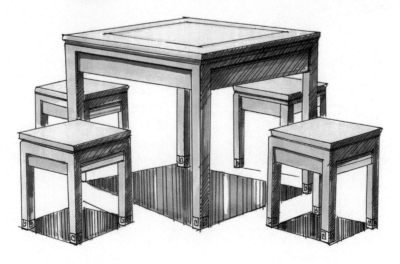

5.3.2 欧式装饰桌

欧式装饰桌具有典型的欧式风格，强调线形流动的变化，色彩华丽。在室内摆上一张这样的桌子，显得大方实用、洁净亮丽，能为您的家居增添一份现代色彩。

【绘制步骤】

（1）用铅笔绘制出装饰桌大概的外形轮廓。

（2）用铅笔绘制装饰桌的结构细节与纹理，绘制地面阴影的轮廓时，注意线条的透视关系。

（3）用勾线笔在铅笔稿的基础上绘制出装饰桌准确的结构线与纹路线条，注意用线要肯定、流畅。

（4）用橡皮擦去多余的铅笔线，保持画面的整洁。

（5）加重暗部的结构线颜色，用排列的线条绘制装饰桌的暗部与阴影，确定装饰桌的明暗关系，注意线条的排列方向与疏密关系的表现。

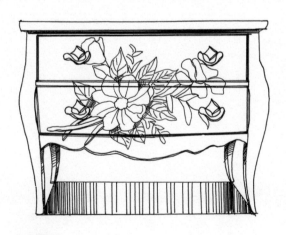

（6）用103号（   ）马克笔绘制装饰桌材质的颜色，用144号（   ）马克笔绘制装饰桌面的第一层颜色。

（7）用 179 号（   ）、58 号（   ）、43 号（   ）马克笔由浅到深依次绘制装饰画叶子的颜色，用 145 号（   ）、75 号（   ）马克笔绘制花朵的颜色。

（8）用 102 号（   ）马克笔绘制装饰桌的暗部颜色，用 451 号（ ）彩铅加重装饰桌接缝处的暗部颜色，用 WG4 号（   ）马克笔绘制地面的阴影，完成绘制。

5.3.3 美式面桌

美式的面桌融合了现代美式风格，一般以自然的木材为主要材料，具有优美、流畅的曲线，体现了自由、活泼的美式风格。

【绘制步骤】

（1）用铅笔绘制出美式面桌大概的外形轮廓。

（2）用铅笔绘制面桌与桌面上小物品的结构细节，注意线条之间的透视关系。

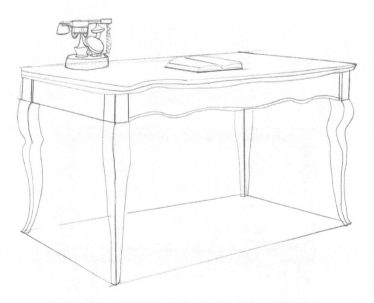

（3）用勾线笔在铅笔稿的基础上绘制出面桌与物品准确的结构线条，注意用线要肯定、流畅，然后用橡皮擦去多余的铅笔线，保持画面的整洁。

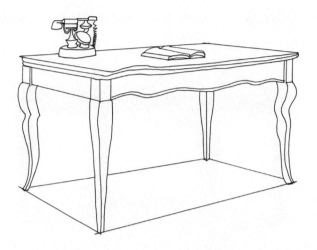

（4）用排列的线条绘制桌子的暗部与阴影，注意线条的排列方向与疏密关系的表现。

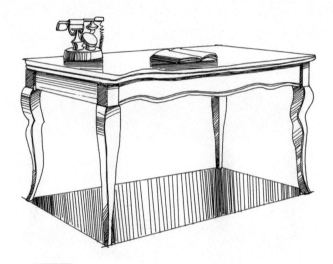

（5）用 103 号（　　　）马克笔绘制桌子的第一层颜色，注意马克笔的笔触方向。

（6）用 102 号（■■■■）马克笔绘制桌子的第二层颜色，加重暗部的绘制。

（7）用 169 号（■■■■）马克笔绘制书本的颜色，用 WG4 号（■■■■）马克笔绘制地面的阴影，增强物体的空间立体感。注意马克笔颜色的渐变与过渡，完成单体的绘制。

5.4 床

床是供人休息、睡觉的家具。经过千百年的演化，如今不仅是睡觉的工具，也是家庭的装饰品之一。

5.4.1 中式木床

中式木床融合了中式家居风格设计表现中的经典设计元素，体现了中式木床深沉、雅致又不失灵性的特性，在我们的日常生活中也是非常常见的床。

【绘制步骤】

（1）用铅笔绘制出木床大概的外形轮廓，把它看成简单的几何长方体，注意床的透视关系。

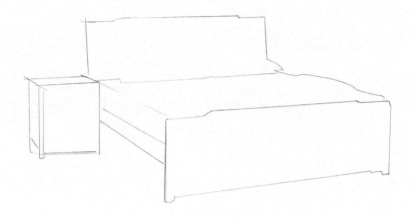

（2）用铅笔绘制木床与床头柜的结构细节纹理，表现出木床的结构特征。

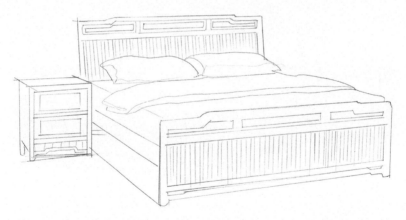

（3）用勾线笔在铅笔稿的基础上绘制出木床准确的结构线，注意用线要肯定、流畅。

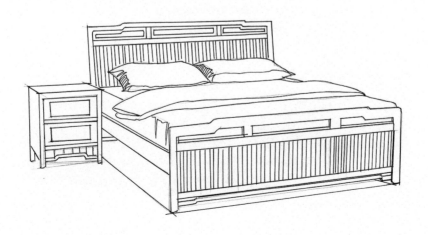

（4）用橡皮擦去多余的铅笔线，保持画面的整洁。

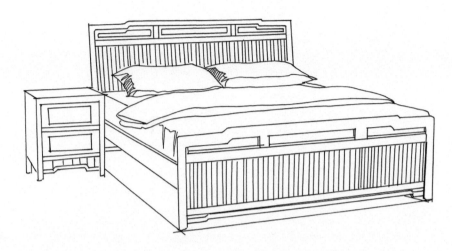

（5）用排列的线条绘制木床的暗部与地面阴影，注意线条的排列方向与疏密关系的表现。

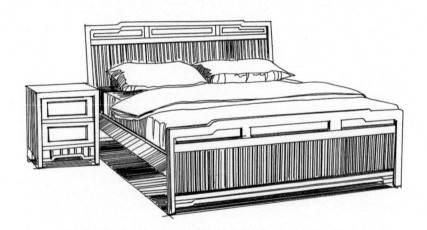

（6）用97号（■）马克笔绘制木床的第一层颜色，注意采用马克笔平涂的笔触。

（7）用140号（　　　）马克笔进一步绘制被子与枕头的第一层颜色，注意亮部可以采用留白的形式表现。

（8）用93号（　　　）马克笔加重木质床与床头柜的暗部颜色，用16号（　　　）马克笔进一步加重被子与枕头的暗部颜色。

（9）用426号（　　　）彩铅丰富被子与枕头的暗部颜色，用WG4号（　　　）马克笔绘制地面的阴影。注意颜色的渐变与过渡，完成木质床的绘制。

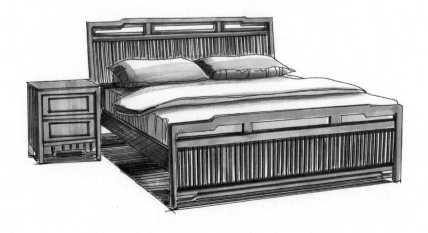

5.4.2 简约布艺床

现代简约布艺床融合了现代风格家居设计表现中简约而不简单、时尚而又典雅的特性，极具后现代主义经典设计风格。现代简约布艺床清新而不低沉、活泼不失灵性，非常适宜年轻时尚一族使用。

【绘制步骤】

（1）用铅笔绘制出布艺床大概的外形轮廓，把它看成简单的几何长方体。

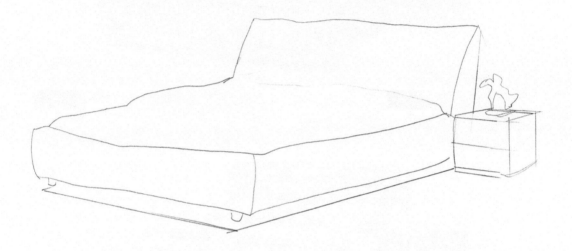

（2）用铅笔绘制布艺床的结构细节与纹理，注意线条之间的透视关系。

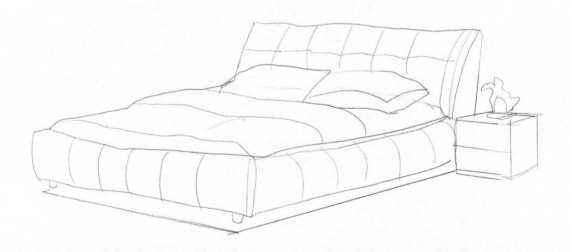

（3）用勾线笔在铅笔稿的基础上绘制布艺床准确的结构线条，注意用线要肯定、流畅。

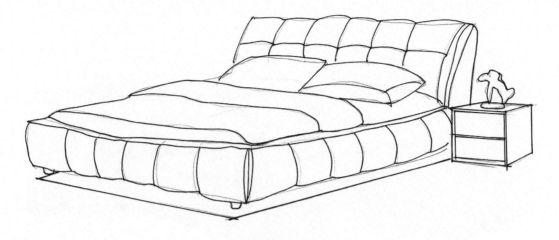

（4）用橡皮擦去多余的铅笔线，保持画面的整洁。

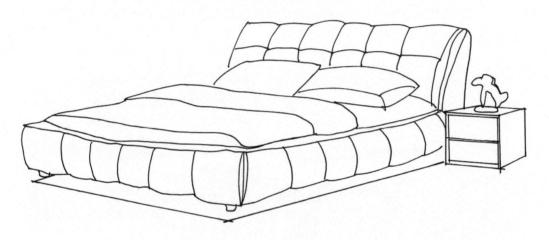

（5）用排列的线条绘制床的暗部与地面的阴影，确定画面大体的明暗关系，注意线条的排列方向与疏密关系的表现。

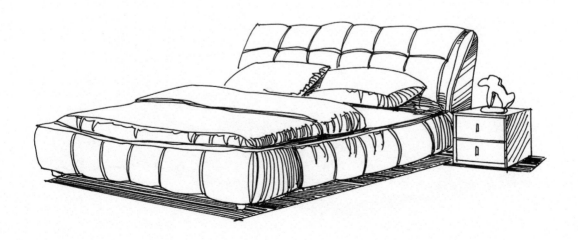

（6）用 145 号（　　　）马克笔绘制布艺床的第一层颜色，注意亮部用马克笔扫笔的笔触。

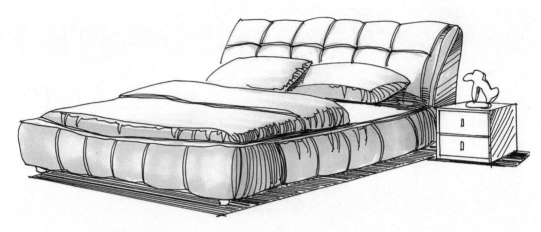

（7）用 75 号（　　　）马克笔绘制床的第二层颜色，绘制被子与枕头的暗部，增强床的空间立体感。

（8）用 CG3 号（　　　）马克笔绘制床头柜与地面的颜色，注意马克笔笔触的变化。

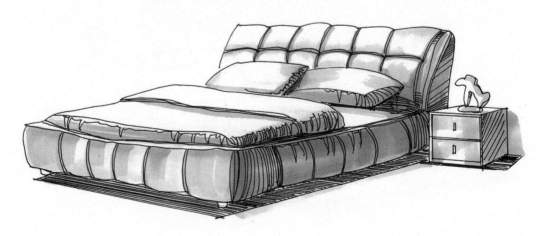

（9）用 437 号（）彩铅进一步加重床与被子的暗部颜色，用 407 号（　　　）彩铅丰富布艺床亮部的颜色。注意画面的适当留白关系，完成布艺床的绘制。

5.4.3 欧式四柱床

欧洲贵族使用的四柱床，让床有最宽广的浪漫遐想。欧式风格的四柱上，有代表不同风格时期的复杂雕刻，不同花色布料的使用将床布置得更加活泼，更具个人风格。

【绘制步骤】

（1）用铅笔绘制出四柱床大概的外形轮廓，注意透视关系的表现。

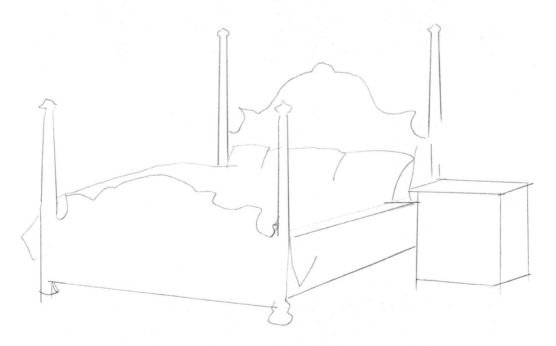

（2）用铅笔绘制床的结构细节，注意表现出物体的厚度感。

（3）用勾线笔在铅笔稿的基础上绘制出四柱床准确的结构线条，注意用线要肯定、流畅。

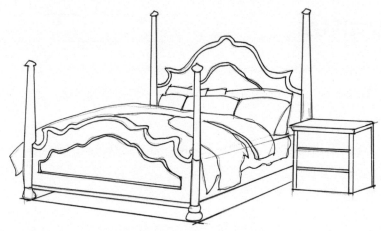

（4）用橡皮擦去多余的铅笔线，保持画面的整洁。

（5）用排列的线条绘制画面的暗部与阴影，确定大体的明暗关系，注意线条的排列方向与疏密关系的表现。

（6）用 97 号（▨）马克笔绘制床的木质材料与床头柜的颜色，注意马克笔的笔触运用。

（7）用 141 号（　　）马克笔绘制被子的第一层颜色，用 8 号（▨）马克笔绘制衣服的颜色。

（8）用 93 号（▨）马克笔加重四柱床的暗部颜色，用 426 号（▨）彩铅加重红色被子的暗部颜色，用 478 号（▨）彩铅加重黄色被子与枕头的暗部颜色。

（9）用 478 号（）彩铅进一步加重床的暗部颜色，用 499 号（）彩铅绘制地面的阴影颜色，完成四柱床的绘制。

5.5 茶几

日常生活中茶几一般放置在经常走动的客厅、会客厅等地方，它不一定要摆放在沙发前面的正中央处，还可以放在沙发旁、落地窗前，并且可以同时搭配茶具、灯具、盆栽等，展现另类的居家风情。茶几按材质分为木质茶几、大理石茶几、玻璃茶几、藤竹茶几等。

5.5.1 中式木质茶几

中式木制茶几的天然材质，使人产生与大自然的亲近感，色调温和、工艺精致，适合与沉稳大气的沙发家具相配。

【绘制步骤】

（1）用铅笔绘制出木质茶几大概的外形轮廓，把它看成简单的几何长方体。

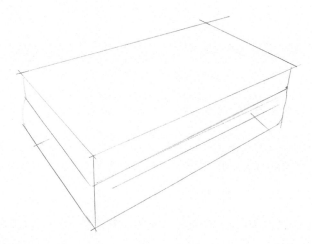

（2）用铅笔绘制茶几的结构细节，注意线条之间的透视关系。

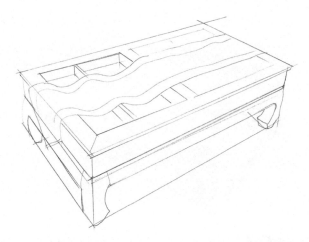

（3）用勾线笔在铅笔稿的基础上绘制出茶几与桌布的准确的结构线条，注意用线要肯定、流畅。

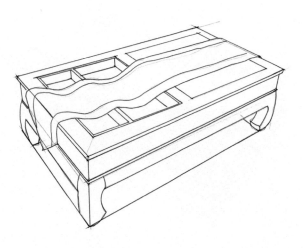

（4）用橡皮擦去多余的铅笔线，保持画面的整洁。

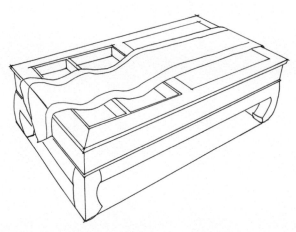

（5）用排列的线条绘制茶几的暗部与阴影，确定茶几的明暗关系，注意线条的排列方向与疏密关系的表现。

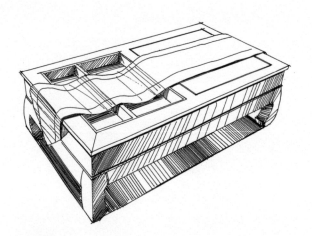

（6）用 103 号（　　　）马克笔给中式的木质茶几绘制第一层颜色，可以采用马克笔平涂的笔触。

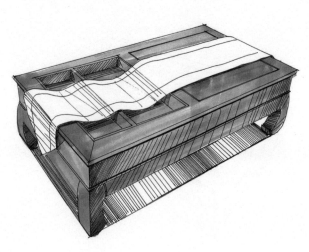

（7）用 169 号（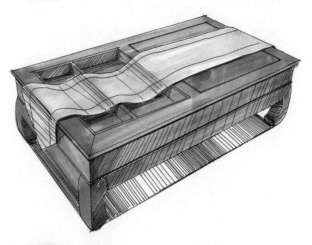）马克笔绘制装饰桌布的第一层颜色。

（8）用 100 号（　　　）马克笔加重桌布的暗部颜色，用 102 号（　　　）马克笔加重茶几的暗部颜色，注意马克笔笔触方向的选择与变化。

（9）用 WG4 号（　　　）马克笔绘制地面的阴影，增强物体的空间立体感。注意马克笔颜色的渐变，完成单体的绘制。

5.5.2 欧式大理石茶几

纯天然大理石面具有独特的天然图案和色彩,欧式风格大理石茶几其石面飘逸自然、典雅、高贵,结构紧密,质地如玉,颜色亮丽。

【绘制步骤】

（1）用铅笔绘制出茶几大概的外形轮廓,把它看成简单的几何长方体。

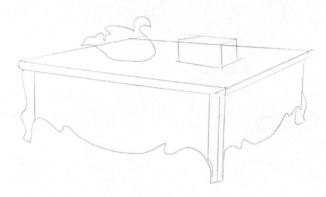

（2）用铅笔绘制大理石茶几的细节纹理,注意茶几的透视关系。

（3）用勾线笔在铅笔稿的基础上绘制出茶几准确的结构线与装饰物的轮廓线,注意用线要肯定、流畅。

（4）用橡皮擦去多余的铅笔线，保持画面的整洁。

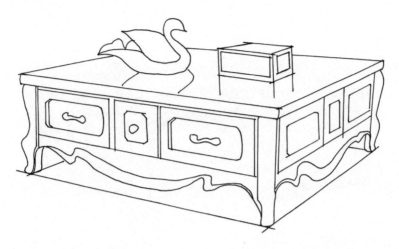

（5）用排列的线条绘制茶几的暗部与阴影，确定茶几的明暗关系，注意线条的排列方向与疏密关系的表现。

（6）用25号（　　　）、141号（　　　）马克笔绘制茶几大理石桌面的第一层颜色。

（7）用 97 号（███）、169 号（███）马克笔加重茶几的暗部颜色，注意马克笔笔触的变化。

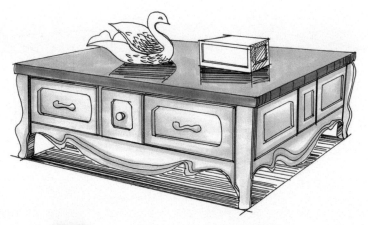

（8）用 100 号（███）马克笔绘制茶几暗部结构线的颜色，用 100 号（███）、13 号（███）马克笔绘制装饰的颜色，用 492 号（███）彩铅绘制大理石桌面的纹理。

（9）用 WG4 号（███）马克笔绘制地面的阴影，增强物体的空间立体感；用 499 号（███）彩铅加重茶几与地面交接处的颜色，完成单体的绘制。

5.5.3 现代简约茶几

现代简约茶几，造型简洁不失个性，不经意间营造了一种内在的时尚气息，与生活融为一体。

【绘制步骤】

（1）用铅笔绘制出茶几大概的外形轮廓，把它看成简单的几何长方体，注意透视关系的表现。

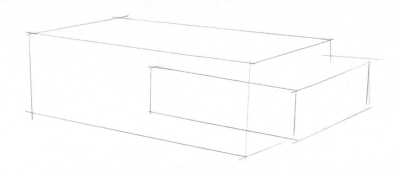

（2）用铅笔绘制茶几的结构细节，注意物体块面之间的转折。

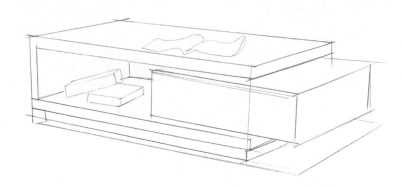

（3）用勾线笔在铅笔稿的基础上绘制出茶几准确的结构线与书本的轮廓线，注意用线要肯定、流畅。

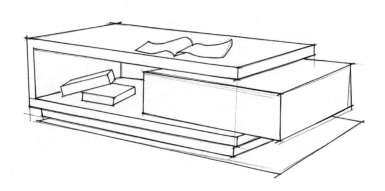

（4）用橡皮擦去多余的铅笔线，保持画面的整洁。

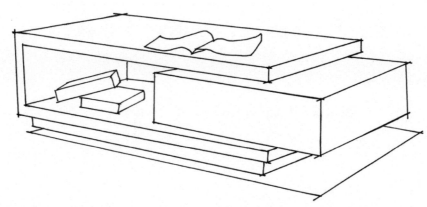

（5）用排列的线条绘制茶几的暗部与地面阴影，确定茶几的明暗关系，注意线条的排列方向与疏密关系的表现。

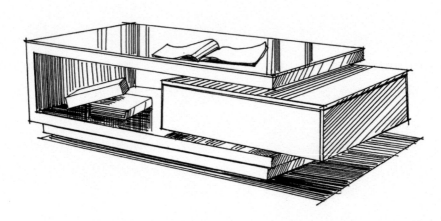

（6）用 GG1 号（　　）马克笔绘制茶几的亮部颜色，用 GG3 号（　　）马克笔绘制茶几暗部的第一层颜色。

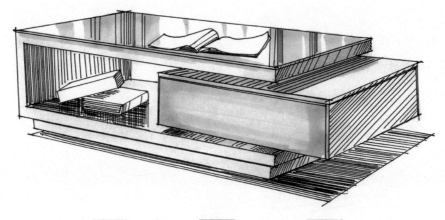

（7）用 167 号（　　）、58 号（　　）、25 号（　　）马克笔绘制茶几上书本的颜色。

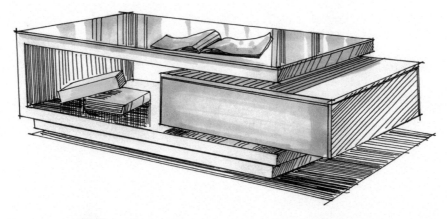

（8）用499号（■■■）彩铅加重茶几的暗部颜色，继续用499号彩铅绘制地面的阴影。注意颜色的渐变与过渡，完成茶几的绘制。

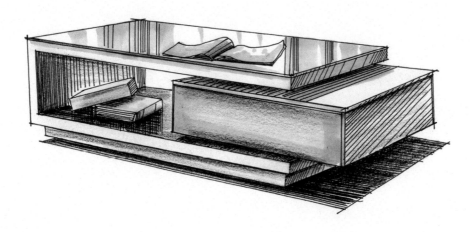

5.6 柜子

柜子是收藏衣物、文件等的器具，一般有方形或长方形。按照不同的用途可简单地分为电视柜、鞋柜、储物柜等。

5.6.1 电视柜

电视柜常摆放在客厅，它的风格与客厅的沙发、茶几一致。

【绘制步骤】

（1）用铅笔绘制出电视柜大概的外形轮廓，把它看成简单的几何长方体，注意透视关系的表现。

（2）用铅笔绘制电视柜的结构细节与小物体的轮廓，注意物体的体块关系的表现。

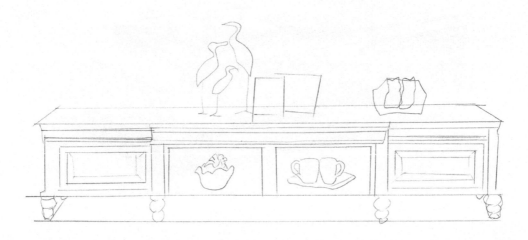

（3）用勾线笔在铅笔稿的基础上绘制出电视柜与小物品的准确的结构线，注意用线要肯定、流畅。

（4）用橡皮擦去多余的铅笔线，保持画面的整洁。

（5）用排列的线条绘制画面的暗部与阴影，确定画面大体的明暗关系，注意线条的排列方向与疏密关系的表现。

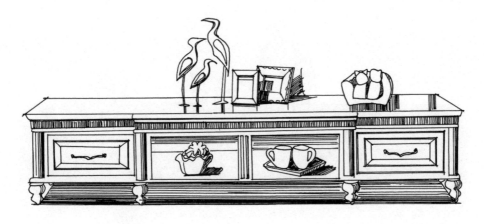

（6）用103号（▨）马克笔绘制电视柜的第一层颜色，注意马克笔笔触的变化。

（7）用93号（■）马克笔加重电视柜的暗部颜色，用103号（▨）马克

笔绘制装饰物品的颜色。

（8）用 140 号（　　　　）、68 号（　　　　）马克笔绘制相框的颜色，用 68 号（　　　　）、140 号（　　　　）、34 号（　　　　）马克笔绘制右边装饰品的颜色，用 34 号（　　　　）、100 号（　　　　）、183 号（　　　　）、68 号（　　　　）马克笔绘制下面装饰品的颜色。

（9）用 WG4 号（　　　　）马克笔绘制阴影的颜色，增强物体的空间立体感，完成电视柜单体的绘制。

5.6.2 鞋柜

鞋柜的主要用途是用来陈列闲置的鞋，随着社会的进步和人类生活水平的提高，从早期的木鞋柜演变成为现在不同款式和材质的鞋柜。

【绘制步骤】

（1）用铅笔绘制出鞋柜大概的外形轮廓，把它看成简单的几何长方体。

（2）用铅笔绘制鞋柜的结构与细节，注意线条之间的透视关系。

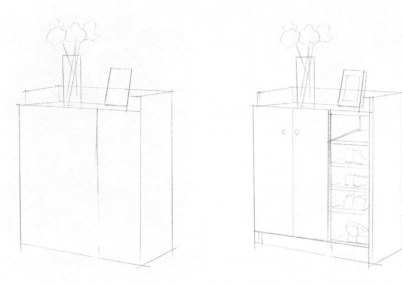

（3）用勾线笔在铅笔稿的基础上绘制出鞋柜、鞋子、相框与盆栽的准确的结构线，注意用线要肯定、流畅。

（4）用橡皮擦去多余的铅笔线，保持画面的整洁。

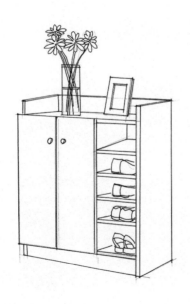
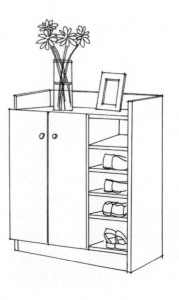

（5）用自然的曲线绘制鞋柜的木纹，用排列的线条绘制鞋柜的暗部与地面的阴影，确定画面的明暗关系，注意线条的排列方向与疏密关系的表现。

（6）用 103 号（█████）马克笔绘制鞋柜的第一层颜色，注意马克笔笔触的变化与方向的选择。

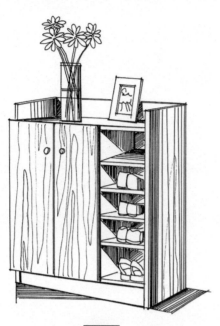 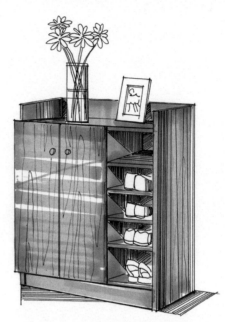

（7）用 93 号（█████）马克笔绘制鞋柜的第二层颜色，注意马克笔颜色的渐变与过渡。

（8）用 172 号（█████）马克笔绘制植物的颜色，用 183 号（█████）马克笔绘制花瓶与相框的颜色，用 88 号（█████）、36 号（█████）、100 号（█████）、183 号（█████）马克笔绘制鞋子的颜色，用 499 号（██）彩铅绘制地面阴影，完成鞋柜的绘制。

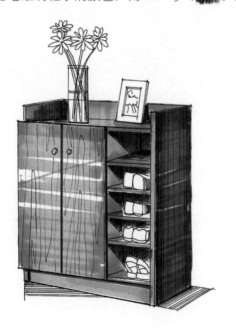 

5.6.3 储物柜

储物柜主要用来存储不同的物品，以便进行分门别类，方便人们的使用。对于空间较小的家庭或者宿舍来说，储物柜是必备物品，能够充分利用好空间来容纳较多的生活物品，而且也能够很好地装饰人们的居家环境。

【绘制步骤】

（1）用铅笔绘制储物柜大概的外形轮廓，把它看成简单的几何长方体，注意物体透视关系的表现。

（2）用铅笔绘制储物柜的结构细节，表现出物体基本的特征。

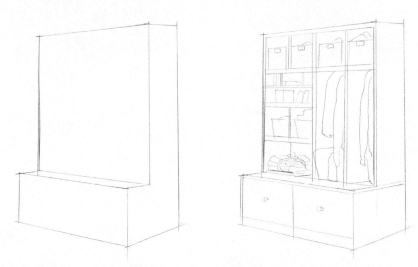

（3）用勾线笔在铅笔稿的基础上绘制出储物柜准确的结构线与柜子中储放物体的轮廓线，注意用线要肯定、流畅。

（4）用橡皮擦去多余的铅笔线，保持画面的整洁。

（5）用铅笔刻画柜子中物体的结构细节，用排列的线条绘制储物柜的暗部与地面的阴影，注意线条的排列方向与疏密关系的表现。

（6）用 GG1 号（　）马克笔绘制储物柜暗部的第一层颜色，注意马克笔的排笔笔触。

（7）用 GG1 号（　）马克笔绘制衣物的第一层颜色，用 104 号（　）马克笔绘制藤制筐的颜色，用 8 号（　）、185 号（　）马克笔绘制筐子里面物体的颜色。

（8）用 GG3 号（　）马克笔加重储物柜的暗部颜色，用 100 号（　）马克笔绘制筐子的暗部颜色，用 8 号（　）、183 号（　）马克笔绘制衣物的颜色。

（9）用 GG5 号（　）马克笔绘制地面的阴影，增强物体的空间立体感；用 499 号（　）彩铅加重储物柜与地面交接处的颜色，完成储物柜单体的绘制。

灯具

室内灯具是室内照明的主要设施，为室内空间设计提供装饰效果及照明功能。它不仅能给较为单调的顶面色彩和造型增加新的内容，同时还可以通过室内灯具的造型的变化、灯光强弱的调整等手段，达到烘托室内气氛、改变房间结构感觉的作用。

5.7.1 台灯

台灯外形较小，是放在桌子上的灯具，起局部照明作用，也具有一定的装饰作用。

【绘制步骤】

（1）用铅笔绘制出台灯大概的外形轮廓。

（2）用铅笔绘制台灯的细节纹理，注意曲线线条之间的透视关系。

（3）用勾线笔在铅笔稿的基础上绘制出台灯准确的结构线与纹路线条，注意用线要肯定、流畅。

（4）用橡皮擦去多余的铅笔线，保持画面的整洁。

（5）用排列的线条绘制台灯的暗部与阴影，注意线条的排列方向与疏密关系的表现。

（6）用 139 号（　）马克笔绘制灯罩的第一层颜色，用 8 号（　）马克笔绘制灯座的颜色。

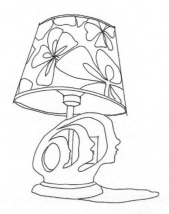

（7）用 8 号（　）马克笔绘制灯罩上花纹的颜色，用 CG6 号（　）马克笔绘制灯杆的暗部颜色。

（8）用 140 号（　）马克笔加重灯罩暗部的颜色，用 11 号（　）马克笔绘制灯座的暗部颜色，用 426 号（　）、407 号（　）彩铅绘制灯光的颜色。

（9）用 WG4 号（　）马克笔绘制画面的阴影，增强物体的空间立体感。注意马克笔颜色的渐变与过渡，完成单体的绘制。

5.7.2 落地灯

落地灯常用作局部照明，一般强调移动的便利，对于角落气氛的营造十分实用。

【绘制步骤】

（1）用铅笔绘制出落地灯大概的外形轮廓，表现出灯具的结构特征。

（2）用勾线笔在铅笔稿的基础上绘制出落地灯与沙发的准确的结构线，注意用线要肯定、流畅。

（3）用橡皮擦去多余的铅笔线，保持画面的整洁。

（4）用排列的线条绘制画面的暗部与阴影，注意线条的排列方向与疏密关系的表现。

（5）用CG3号（　　　）马克笔绘制落地灯的第一层颜色。

（6）用CG6号（　　　）马克笔绘制落地灯的第二层颜色，增强灯具的空间立体感。

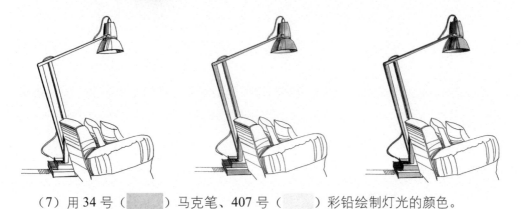

（7）用34号（　　　）马克笔、407号（　　　）彩铅绘制灯光的颜色。

（8）用427号（　　　）彩铅丰富灯光的颜色，用499号（　　　）彩铅绘制地面的阴影，完成画面的绘制。

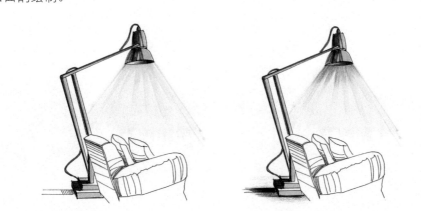

5.7.3 壁灯

壁灯是安装在室内墙壁、建筑支柱和其他立面上的灯具。根据发光情况可分为光源显露、漫射、条状和定向照明四种类型。

【绘制步骤】

（1）用铅笔绘制出壁灯大概的外形轮廓。

（2）用铅笔绘制壁灯的结构细节与纹理，注意壁灯表面特征的表现。

（3）用勾线笔在铅笔稿的基础上绘制出壁灯准确的结构线与纹路线条，注意用线要肯定、流畅。

（4）用橡皮擦去多余的铅笔线，保持画面的整洁。

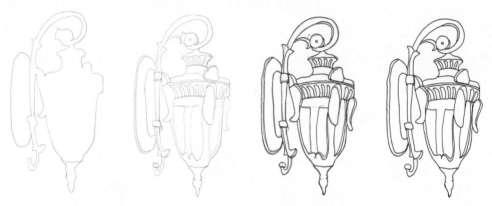

（5）用排列的线条绘制沙发的暗部与墙面的阴影，注意线条的排列方向与疏密关系的表现。

（6）用 140 号（▢）马克笔绘制壁灯的第一层颜色，用 34 号（▢）马克笔绘制灯光的颜色。

（7）用 97 号（▢）马克笔绘制壁灯的第二层颜色。

（8）用 426 号（▢）彩铅绘制灯光的颜色，用 WG4 号（▢）马克笔绘制墙面的阴影，完成壁灯的绘制。

5.7.4 吊灯

吊灯是指吊装在室内天花板上的高级装饰用照明灯。吊灯的花样最多，常用的有欧式烛台吊灯、中式吊灯、水晶吊灯、羊皮纸吊灯、时尚吊灯、锥形罩花灯、尖扁罩花灯、束腰罩花灯、五叉圆球吊灯、玉兰罩花灯、橄榄吊灯等。

【绘制步骤】

（1）用铅笔绘制出吊灯大概的外形轮廓。

（2）用铅笔绘制吊灯的结构细节，注意灯具前后的透视关系。

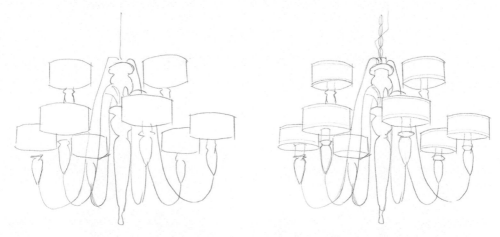

（3）用勾线笔在铅笔稿的基础上绘制出灯具准确的结构线，注意用线要肯定、流畅。

（4）用橡皮擦去多余的铅笔线，保持画面的整洁。

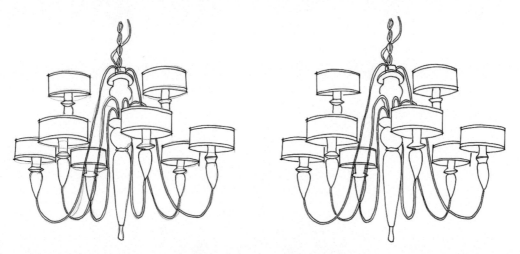

（5）用排列的线条绘制吊灯的暗部，确定吊灯的明暗关系，注意线条的排列方向与疏密关系的表现。

（6）用 139 号（　　　　）马克笔绘制灯罩的第一层颜色。

（7）用 CG2 号（⬜）马克笔绘制吊灯金属材质部分的颜色。

（8）用 140 号（⬜）马克笔加重灯具的暗部颜色，用 407 号（⬜）彩铅绘制灯罩的亮部。

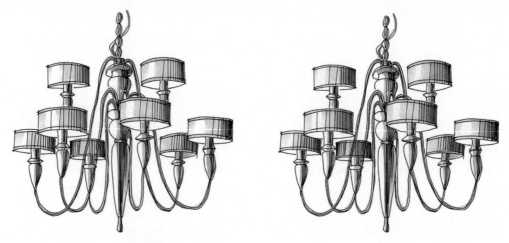

（9）用 CG6 号（⬛）马克笔继续加重灯具的暗部，增强物体的空间立体感，完成单体的绘制。

5.8 装饰品

装饰品在室内设计中常用作画龙点睛，通过一幅字画、一盆花草、一块花布，甚至一个很小的摆件，都能在室内传递生命的气息。不同于家具的厚重，饰品的轻巧和机动灵活能给人一种清新的感受，以此来改变室内的气氛，体现人的思想和观念。由于工艺技术的不断进步以及高新科技手段的应用，装饰品在室内环境中的作用已超越了单纯的美化环境的功能，成为设计中的重要环节。

5.8.1 陶瓷装饰品

陶瓷通过各种方式、技法进行艺术加工，能提高产品的艺术性和档次。室内设计中陶瓷是常用的装饰品，它不仅起着装饰空间的作用，也体现着居住者的品位。

【绘制步骤】

（1）用铅笔绘制出陶瓷装饰品大概的外形轮廓。

（2）用铅笔绘制陶瓷装饰品的结构细节纹理，注意表现人物的结构特征。

（3）用勾线笔在铅笔稿的基础上绘制陶瓷装饰品准确的结构线与纹路线条，注意用线要肯定、流畅。

（4）用橡皮擦去多余的铅笔线，保持画面的整洁。继续用排列的线条绘制陶瓷的暗部与地面阴影，确定出画面的明暗关系，注意线条的排列方向与疏密关系的表现。

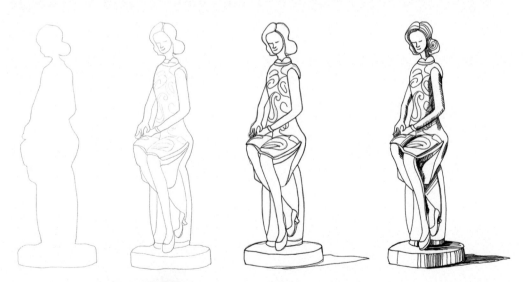

（5）用 WG4 号（ ）、139 号（ ）马克笔绘制人物头部，用 140 号（ ）马克笔绘制服装的颜色。

第 5 章　室内手绘单体表现

105

（6）用 139 号（▨▨）马克笔绘制人物的肤色，用 WG4 号（███）马克笔绘制人物的暗部颜色。

（7）用 35 号（　　　）马克笔绘制衣服的亮部，用 91 号（███）、CG6 号（███）马克笔绘制凳子的颜色。

（8）用 478 号（●）彩铅加重人物的暗部颜色，用 CG4 号（▨▨）马克笔绘制底座的颜色，用 CG6 号（███）马克笔绘制底座的暗部与地面阴影，完成单体的绘制。

5.8.2　工艺装饰品

现代的家居装饰品，仅仅实用是不够的。越来越多的设计者融入巧妙的心思，将美化家居的功能应用在平凡的工艺装饰品上。近年来工艺装饰品以其独具特色的美感越来越受到人们的青睐。工艺装饰品拥有极高的自由度，无论是简约、奢华、古典，或是现代都能被其淋漓尽致地展现出来。

【绘制步骤】

（1）用铅笔绘制出工艺装饰品大概的外形轮廓。

（2）用铅笔绘制工艺品的结构细节纹理，注意表现出物体的体块与厚度。

（3）用勾线笔在铅笔稿的基础上绘制出工艺品准确的结构线，注意用线要肯定、流畅。

（4）用橡皮擦去多余的铅笔线，保持画面的整洁。

（5）用排列的线条绘制工艺品的暗部与地面阴影，注意线条的排列方向与疏密关系的表现。

（6）用 169 号（　　　）、139 号（　　　）马克笔给工艺品绘制第一层颜色。

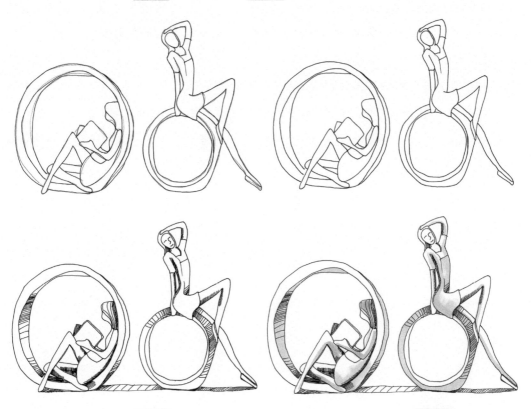

（7）用 169 号（　　　）马克笔绘制工艺品的颜色，用 100 号（　　　）马克笔绘制工艺品的暗部，增强画面的空间立体感。

（8）用 492 号（　　　）、478 号（　　　）彩铅加重人物衣服的暗部颜色，用 CG6 号（　　　）马克笔绘制地面阴影，完成单体的绘制。

5.8.3 艺术装饰品

我们的生活逐渐被标准化、统一化、程式化所淹没，因此失去了艺术个性，所以人们在心理上必然会去追求自然、朴实和个性，而纯艺术品恰好以它强烈的个性和极高的观赏价值弥补了人的这一心理需求，这也是此类装饰物常用于装饰室内空间的原因。这些作品本身都具有较高的艺术性，在构图、色彩及内容上都有独到的风格和个性，一旦成为室内装饰的一分子，往往能形成室内环境的视觉中心，对设计主题起到画龙点睛的作用。

【绘制步骤】

（1）用铅笔绘制出艺术装饰品大概的外形轮廓。

（2）用铅笔绘制艺术品的细节纹理，注意表现出装饰品的结构特征。

（3）用勾线笔在铅笔稿的基础上绘制出艺术品准确的结构线与纹路线条，注意用线要肯定、流畅。

（4）用橡皮擦去多余的铅笔线，保持画面的整洁。

（5）用排列的线条绘制艺术品的暗部与地面阴影，注意线条的排列方向与疏密关系的表现。

（6）用 169 号（　　　）马克笔给艺术品绘制第一层颜色，可以采用马克笔平涂的笔触。

（7）用 35 号（　　　）马克笔绘制钟面与花朵亮部的颜色，同样采用平涂的笔触。

（8）用 100 号（　　　）马克笔加重艺术品的暗部颜色，用 WG4 号（　　　）马克笔绘制地面的阴影，完成艺术品的绘制。

5.8.4　盆栽装饰品

室内绿化装饰是指按照室内环境的特点，利用以室内观叶植物为主的观赏植物，从人们的物质生活与精神生活的需要出发，配合整个室内环境进行设计，使室内室外融为一体，体现动和静的结合，达到人、室内环境与大自然的和谐统一，它是传统的建筑装饰的重要突破。

【绘制步骤】

（1）用铅笔绘制出盆栽装饰品植物与花瓶大概的外形轮廓。

（2）用铅笔绘制出植物花朵与叶子的大概轮廓，给花瓶添加细节结构。

（3）用勾线笔在铅笔稿的基础上绘制出花朵、叶子与花瓶的轮廓线，注意用线要肯定、流畅。

（4）用橡皮擦去多余的铅笔线，保持画面的整洁。

（5）用排列的线条绘制盆栽的暗部与阴影，确定画面的明暗关系，注意线条的排列方向与疏密关系的表现。

（6）用 140 号（   ）、169 号（   ）马克笔绘制花瓶的第一层颜色，用 147 号（   ）马克笔绘制花瓶上花朵的颜色。

（7）用 37 号（   ）马克笔绘制花朵的第一层颜色，用 163 号（   ）马克

笔绘制叶子的第一层颜色。

（8）用 172 号（　　）、47 号（　　）、56 号（　　）、43 号（　　）马克笔由浅到深绘制叶子的颜色，增强花束的空间立体感。

（9）用 140 号（　　）马克笔绘制花朵与花瓶的暗部颜色，用 WG4 号（　　）马克笔绘制地面的阴影，增强盆栽的空间立体感，完成单体的绘制。

室内设计手绘表现技法

5.9 课后练习

1. 了解不同风格室内单体的结构特征。

2. 绘制下面图片的手绘图。

经过上一章绘制室内单体的训练后，我们将由简到繁，从单体进行到组合的训练。本章将着重指导单体组合的画法，即将单体家具联结起来之后变成具有层次感的组合体，在手绘中主要表现其有主有次的层次美、有明有暗的色彩美、有前有后的空间美。

室内设计手绘
家具组合表现

第 6 章

6.1 沙发组合

沙发按用料分为皮沙发、布艺沙发、实木沙发和藤艺沙发，按照风格分为欧式沙发、中式沙发、日式沙发、美式沙发和现代家具沙发。不同材质和风格的沙发的手绘表现方式也不同，所以在表现家具空间的时候要结合家具的特点以及配饰、造型、材质和尺度关系等进行搭配。

6.1.1 皮质沙发组合

皮质沙发历经时间的磨炼，仍然经久不衰，以其富丽堂皇、豪华大气、结实耐用的特点一直受到人们的喜爱。传统的真皮沙发色彩较为单调，以棕、褐色为主，造型庞大而讲究，占地大，给人严肃稳重的感觉。

【绘制步骤】

（1）初学者若把握不住透视关系，可以直接用铅笔绘制沙发、盆景、挂画的基本造型。在绘制的过程中，可以先把沙发归纳为长方体，然后进行绘制。

（2）用铅笔继续刻画画面的细节，完善空间单体物品的组合摆放。仔细刻画沙发、装饰陈设、盆景的具体形态，完成铅笔底稿的绘制。

　　（3）在铅笔稿的基础上，用勾线笔画出沙发、茶几、地毯的外形，注意用线要流畅、肯定，转折部位要清晰，注意各个部位尺寸之间的关系。在绘制靠垫的时候，靠垫左右的弧线是斜的。

　　（4）用橡皮擦去多余的铅笔线，保持画面的整洁；继续用勾线笔绘制细节纹理，为画面添加阴影与暗部，确定画面的明暗关系，完成黑白线稿的绘制。

（5）用 103 号（　　　）马克笔绘制沙发与画框的颜色，用 102 号（　　　）马克
笔绘制沙发后面装饰桌的颜色。

（6）用 137 号（　　　）马克笔绘制窗帘的颜色，用 140 号（　　　）马克笔绘制
抱枕的颜色，用 47 号（　　　）马克笔绘制植物叶子的颜色，用 WG3 号（　　　）、
102 号（　　　）马克笔绘制挂画的颜色。

（7）用 25 号（   ）马克笔绘制地面的颜色，用 GG3 号（   ）马克笔绘制墙面的颜色，注意马克笔笔触的变化。

（8）用 93 号（   ）马克笔加重沙发的暗部颜色，用 8 号（   ）马克笔加重抱枕的暗部颜色，用 147 号（   ）马克笔加重窗帘的暗部颜色，用 56 号（   ）马克笔加重植物叶子的暗部颜色，增强画面的空间立体感。

（9）用 GG5 号（⬛）马克笔绘制墙面的阴影，用 WG6 号（⬛）马克笔绘制地面的阴影；整体调整画面，完成绘制。

6.1.2 布艺沙发组合

布艺沙发拥有轻巧优雅的造型、艳丽的色彩以及柔和的质感，能给居室营造明快活泼的氛围。休闲风格的沙发组合简洁大方，用极冷色调的单色布料，独具个性。

【绘制步骤】

（1）初学者若把握不住透视关系，可以直接用铅笔绘制沙发、茶几、窗户、墙体的基本造型。在绘制的过程中，可以先把沙发归纳为长方体，然后进行绘制。

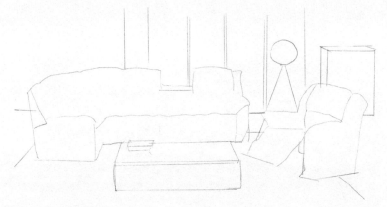

（2）用铅笔继续刻画画面的细节，完善空间单体物品的组合摆放。仔细刻画沙发、装饰陈设、茶几的具体形态，完成铅笔底稿的绘制。

（3）在铅笔稿的基础上，用勾线笔画出沙发、茶几、装饰摆设的外形，注意用线要流畅、肯定，转折部位要清晰，注意各个部位尺寸之间的关系要把握准确。

（4）用橡皮擦去多余的铅笔线，保持画面的整洁。

（5）用勾线笔绘制画面的细节纹理，仔细刻画画面的结构细节，为画面添加阴影与暗部，确定画面的明暗关系，完成黑白线稿的绘制。

（6）用164号（   ）、104号（   ）马克笔分别绘制沙发与茶几的第一层颜色。

（7）用140号（   ）、104号（   ）马克笔分别绘制地毯与地板的颜色，注意马克笔的笔触可以采用平涂的方式。

（8）用 167 号（⬜）、179 号（⬜）马克笔绘制窗户景色的颜色，用 CG3 号（⬜）马克笔绘制墙体的颜色，注意马克笔笔触的变化。

（9）用 104 号（⬜）马克笔与 476 号（⬜）彩铅加重沙发与茶几的暗部颜色，增强画面的空间立体感；用 185 号（⬜）马克笔绘制玻璃的颜色，注意马克笔扫笔笔触的运用。

（10）用 175 号（）马克笔丰富窗外远景，用 93 号（████）马克笔加重地毯的暗部颜色，用 499 号（▓▓）彩铅绘制地面的阴影；整体调整画面，完成绘制。

6.2 餐桌组合

近年来，随着家居装饰水平的不断提高，人们对家中的就餐环境越来越注重，要求餐桌椅兼具舒适性和艺术性，并追求进餐环境的高雅和舒适。一款颜色柔和、款式大方的舒心餐桌椅，不仅能点缀饭厅环境，更能让人食欲大增。

6.2.1 长方形餐桌组合

长方桌又称为长桌，它的桌面为长方形，长度接近宽度的两倍。长方桌出现于唐代，并用在日常生活中。一般长条形桌和长条形凳子配套使用，人们可以围桌宴饮。桌腿与桌面呈 90° 角，桌腿不向里蜷缩。长方桌结构坚实，造型美观。

【绘制步骤】

（1）初学者若把握不住透视关系，可以直接用铅笔绘制餐桌椅、盆景、地毯的基本造型。在绘制的过程中，可以先把餐桌椅归纳为长方体，然后进行绘制。

（2）用勾线笔在铅笔稿的基础上从左往右勾画出物体组合的结构线，注意结构要把握准确。

（3）用橡皮擦去多余的铅笔线，保持画面的整洁。

（4）用勾线笔绘制画面的细节纹理，仔细刻画画面的结构细节，为画面添加阴影与暗部，确定画面的明暗关系，完成黑白线稿的绘制。

（5）用 103 号（　　　）马克笔绘制木质材料的第一层颜色，用 93 号（　　　）马克笔加重木质材料的暗部颜色，用 167 号（　　　）马克笔绘制椅子靠背与坐垫的第

一层颜色，用 175 号（　　）马克笔加重椅子靠背与坐垫的暗部颜色。

（6）用 144 号（　　）、67 号（　　）马克笔绘制碗与玻璃花瓶的颜色，用 147 号（　　）马克笔绘制桌布的颜色，用 167 号（　　）、56 号（　　）、121 号（　　）马克笔绘制花朵与水果的颜色，丰富画面的色彩。

（7）用100号（）马克笔绘制木质地板的颜色，用GG2（　　　　）、166号
（　　　　）马克笔绘制墙面的颜色，用144号（　　　　）马克笔绘制窗户与地毯的颜色，
用48号（　　　　）马克笔绘制窗帘的颜色。

（8）用42号（　　　　）马克笔加重椅子与窗帘布艺的暗部颜色，用GG5号（　　　　）
马克笔绘制地面的阴影，增强画面的空间立体感；整体调整画面，完成绘制。

第6章

室内设计手绘家具组合表现

6.2.2 圆形餐桌组合

中国的传统宇宙观是"天圆地方"，因此传统的餐桌形如满月，象征一家老少团圆，亲密无间，而且聚拢人气，能够很好地烘托进食的气氛。圆形的餐桌可以容纳更多的人，所以在餐厅中多使用圆形的餐桌。

【绘制步骤】

（1）初学者若把握不住透视关系，可以直接用铅笔绘制餐桌椅、窗户、地面、墙体的基本造型。在绘制的过程中，可以先把餐桌椅归纳为圆柱体，然后进行绘制。

（2）在铅笔稿的基础上，用勾线笔画出桌子、椅子、地面、墙体的外形，注意用线要流畅、肯定，转折部位要清晰，注意各个部位尺寸之间的关系要把握准确。

（3）用橡皮擦去多余的铅笔线，保持画面的整洁。

（4）用勾线笔绘制画面的结构细节，为画面添加阴影与暗部，确定画面的明暗关系，完成黑白线稿的绘制。

（5）用97号（　　　）、140号（　　　）马克笔绘制桌椅的第一层颜色，注意可以采用马克笔平涂的笔触。

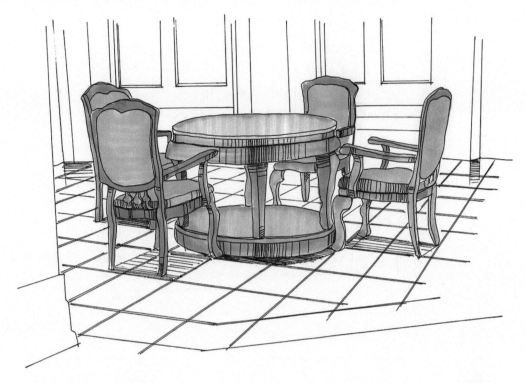

（6）用 9 号（　　　）马克笔加重椅子靠背与桌面的颜色，用 91 号（　　　）、95 号（　　　）马克笔绘制桌椅木质材料的暗部，注意马克笔笔触方向的变化。

（7）用 136 号（　　　）马克笔绘制地面与墙体的颜色，注意马克笔的笔触方向

要与结构线的透视方向一致。

（8）用 102 号（███）马克笔绘制木质窗框的颜色，用 144 号（　　　）、76 号
（███）马克笔绘制玻璃的颜色，注意颜色的渐变与过渡。

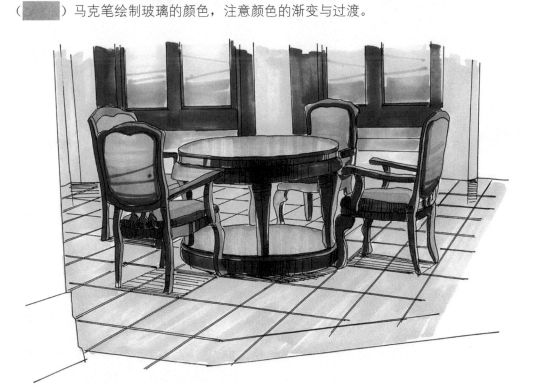

（9）用 WG4 号（　　）马克笔绘制地面阴影的颜色，增强画面的空间立体感；整体调整画面，完成绘制。

6.3 床具组合

床具是卧室中的主角，可以影响整个卧室的风格。床具组合，是卧室中最重要的家具，是主人每天最放松的地方。卧室床有很多种，如布艺床、皮艺床、铜床、铁床、木质床等。

6.3.1 平板床组合

平板床是由基本的床头板、床尾板和骨架组成的，是最常见的式样。虽然简单，但床头板、床尾板，却可营造不同的风格。本案例中的欧式床端庄典雅、高贵华丽，具有浓厚的文化气息，配以精致的雕刻，整体营造出一种华丽、高贵、温馨的感觉。

【绘制步骤】

（1）初学者若把握不住透视关系，可以直接用铅笔绘制平板床的基本造型。在绘制的过程中，可以先把平板床归纳为长方体，然后进行绘制。

（2）用铅笔画出床、床头柜、台灯和地毯的外形，注意家具的透视关系、比例、体积要协调，以及各个部位的尺寸要合理，并完善空间单体物品的组合摆放，以完成铅笔底稿的绘制。

（3）在铅笔稿的基础上，用勾线笔画出床、床头柜、台灯和地毯的外形，注意用线要流畅、肯定，转折部位要清晰。

（4）用橡皮擦去多余的铅笔线，保持画面的整洁。

（5）进一步绘制，确定画面的明暗关系，并用简单的线条绘出形体的转折关系即可。注意床上毯子的转折面，线条尽可能流畅，先深入细节，细节服从整体，再添加家具对应的阴影效果，注意投影的虚实变化，拉开物与物之间的距离。

（6）用103号（▦）马克笔绘制家具木质材料的颜色，注意马克笔笔触的变化。

（7）用 185 号（ ）、138 号（ ）马克笔绘制被子、枕头、窗帘等布艺的颜色，用 169 号（ ）马克笔绘制床头灯等的颜色。

（8）用 145 号（ ）马克笔绘制窗框的颜色，用 179 号（ ）马克笔绘制玻璃的颜色，用 25 号（ ）、GG3 号（ ）马克笔绘制墙体的颜色，用 172 号（ ）马克笔绘制植物的颜色，用 103 号（ ）马克笔绘制柜子的颜色。

（9）用 102 号（■■■）、183 号（▨▨▨）、77 号（▨▨▨）马克笔加重床、被子、枕头的暗部颜色，用 84 号（▨▨▨）马克笔加重窗帘的暗部颜色，用 100 号（■■■）马克笔加重台灯的暗部颜色，用 56 号（▨▨▨）马克笔加重植物的暗部颜色，用 68 号（▨▨▨）马克笔加重窗外景色的颜色，增强画面的空间立体感。

（10）用 84 号（▨▨▨）马克笔绘制地毯的颜色，用 140 号（▨▨▨）马克笔绘制地面的颜色，用 499 号（●）彩铅加重地面的阴影；调整整体画面，完成绘制。

6.3.2 四柱床组合

四柱床起源于古代欧洲的贵族，起因是为了保护自己的隐私，在床的四角支上柱子，挂上床幔，后来逐步演变成利用柱子的材质和工艺来展示主人的财富。现代的柱子床大多已经摒弃了原有的功能特点，而是用来装饰卧室空间。四柱床古朴雅致，再加上木头材质能给卧室增加温馨安详的感觉，可以将卧室氛围营造得温暖和谐。

【绘制步骤】

（1）初学者若把握不住透视关系，可以直接用铅笔绘制四柱床的基本造型。在绘制的过程中，可以先把四柱床归纳为长方体，然后进行绘制。

（2）用铅笔画出床、床头柜、台灯和被子的外形，注意家具的透视关系、比例、体积要协调，以及各个部位的尺寸要合理，并完善空间单体物品的组合摆放，以完成铅笔底稿的绘制。

（3）在铅笔稿的基础上，用勾线笔画出床、床头柜、台灯和被子的外形，注意用线要流畅、肯定，转折部位要清晰。

（4）用橡皮擦去多余的铅笔线，保持画面的整洁。

（5）进一步绘制，确定画面的明暗关系，并用简单的线条绘出形体的转折关系即可。注意床上被子与枕头的转折面，线条尽可能流畅，先深入细节，细节服从整体，再添加家具对应的阴影效果，注意投影的虚实变化，拉开物与物之间的距离，最后绘制与地面的阴影，完成线稿的绘制。

（6）用 103 号（⬛）马克笔绘制木质材料的颜色，用 164 号（　　　）、140 号（　　　）、144 号（　　　）马克笔绘制被子与枕头的第一层颜色。

（7）用 141 号（　　　　）马克笔绘制窗帘的颜色，用 144 号（　　　　　）马克笔绘制窗户的颜色，用 25 号（　　　　）马克笔绘制墙体的颜色，注意马克笔笔触的变化。

（8）用 GG3 号（　　　　）马克笔绘制窗框的颜色，用 49 号（　　　）、172 号（　　　）、8 号（　　　　）马克笔绘制床头柜、台灯与摆设的颜色。

（9）用102号（■）马克笔加重床木质材料的暗部颜色，用104号（■）、140号（■）、23号（■）、185号（■）马克笔加重布艺材料的暗部颜色，用104号（■）、102号（■）马克笔加重台灯的暗部颜色，增强画面的空间立体感。

（10）用100号（■）马克笔绘制地板的颜色，用183号（■）、185号（■）马克笔绘制玻璃的颜色，用WG6号（■）马克笔绘制画面暗部与阴影；整体调整画面，完成绘制。

6.4 茶几组合

茶几是入清之后开始盛行的家具，一般来讲，茶几较矮小，有的还做成两层式。茶几放在椅子之间成套使用，所以它的形式、装饰、几面镶嵌及所用材料和色彩等都随着椅子的风格而定。茶几还可以放在客厅沙发的前面，主要起到放置茶杯、泡茶用具、酒杯、水果、水果刀、烟灰缸、花等用品的作用。

6.4.1 实木拼接茶几组合

木制茶几的天然材质容易与大自然产生亲近感，而且色调温和、工艺精致，适合与沉稳大气的沙发家具匹配。

【绘制步骤】

（1）初学者若把握不住透视关系，可以直接用铅笔绘制茶几、沙发、挂画摆设的基本造型。在绘制的过程中，可以先把茶几归纳为圆柱体，然后进行绘制。

（2）用铅笔继续刻画画面的细节，完善空间单体物品的组合摆放，并仔细刻画沙发、装饰陈设、茶几的具体形态，以完成铅笔底稿的绘制。

143

（3）在铅笔稿的基础上，用勾线笔画出沙发、茶几、装饰摆设的外形，注意用线要流畅、肯定，转折部位要清晰，注意各个部位的尺寸要合理。

（4）用橡皮擦去多余的铅笔线，保持画面的整洁。

（5）用勾线笔绘制画面的细节纹理，仔细刻画画面的结构细节，为画面添加阴影与暗部，确定画面的明暗关系，完成黑白线稿的绘制。

（6）用 103 号（）马克笔绘制木质家具的第一层颜色，用 102 号（　　）

马克笔加重家具的暗部颜色。

（7）用 100 号（█）、WG3 号（▒）马克笔绘制挂画的颜色，用 104 号（▒）马克笔绘制窗帘的颜色，用 8 号（▓）马克笔绘制沙发的暗部颜色。

（8）用35号（　　　）、140号（　　　）、7号（　　　）、12号（　　　）马克笔由浅到深绘制沙发与抱枕的颜色，注意马克笔笔触的变化。

（9）用7号（　　　）、84号（　　　）、85号（　　　）、12号（　　　）、172号（　　　）、56号（　　　）马克笔绘制挂画上植物的颜色，用100号（　　　）、144号（　　　）、183号（　　　）、12号（　　　）、84号（　　　）、64号（　　　）、WG3号（　　　）马克笔绘制茶几上摆设的颜色，丰富画面的色彩。

（10）用 179 号（　　　）、68 号（　　　）马克笔绘制窗外的景色，用 25 号（　　　）马克笔绘制地面，用 WG6 号（　　　）马克笔绘制画面的暗部与阴影；整体调整画面，完成绘制。

6.4.2 大理石茶几组合

大理石茶几带有浓烈的别样风情，大理石的纹理高贵、典雅，摒弃了烦琐的装饰风格，让设计回归纯朴，具有款式新颖、结构严谨、设计巧妙、石板光滑细腻、容易打理、色彩清新、风格独特等特点。

【绘制步骤】

（1）初学者若把握不住透视关系，可以直接用铅笔绘制沙发、盆景、茶几的基本造型。在绘制的过程中，可以先把茶几归纳为长方体，然后进行绘制。

（2）用铅笔继续刻画画面的细节，完善空间单体物品的组合摆放，并仔细刻画沙发、茶几、盆景的具体形态，以完成铅笔底稿的绘制。

（3）在铅笔稿的基础上，用勾线笔画出沙发、茶几、地毯、盆景的外形，注意用线要流畅、肯定，转折部位要清晰，注意各个部位的尺寸要合理。在绘制靠垫的时候，靠垫左右的弧线是斜的。

（4）用橡皮擦去多余的铅笔线，保持画面的整洁。

（5）用勾线笔绘制画面的细节纹理，仔细刻画画面的结构细节，并为画面添加阴影与暗部，确定画面的明暗关系，完成黑白线稿的绘制。

（6）用167号（　　　）、164号（　　　）、179号（　　　）、169号（　　　）马克笔绘制画面的第一层颜色，确定画面的整体色调。

（7）用104号（　　　）马克笔加重茶几的暗部颜色，用138号（　　　）马克笔绘制桌布的颜色，用172号（　　　）马克笔加重沙发的暗部颜色，用100号（　　　）马克笔绘制地面的第二层颜色，增强画面的空间立体感。

（8）用 172 号（ ）、56 号（ ）、124 号（ ）、GG5 号（ ）
马克笔绘制盆景与摆设的颜色，用 68 号（ ）马克笔加重窗帘与墙面的颜色。

（9）用 56 号（ ）马克笔、463 号（ ）彩铅加重沙发与抱枕的暗部颜色，
用 140 号（ ）马克笔绘制沙发的装饰图案，用 478 号（ ）彩铅加重茶几的暗
部颜色；整体调整画面，完成绘制。

6.5 洁具组合

卫生洁具装饰已经远远突破过去的传统观念，作为现代化生活的标志性用品，它已融入人们生活的方方面面。它不仅要具有卫生与清洁功能，还应具有保健功能、欣赏功能以及娱乐功能。

6.5.1 陶瓷面盆组合

陶瓷卫生洁具的主要特点在于，在洁具本体的表面还涂了一层哑光釉。由于在洁具本体的表面涂有哑光釉层，使陶瓷卫生洁具的表面润滑，显得贵重而厚实，在室内灯具照射下不会使人感到刺眼，也不会给人质地轻薄的感觉。结合简约风的卫浴设计，视觉上让人舒适而放松，其简洁的线条与宽阔的空间，打造了全然无压力的卫浴环境。

【绘制步骤】

（1）初学者若把握不住透视关系，可以直接用铅笔绘制陶瓷面盆、浴缸、镜子的基本造型。在绘制的过程中，可以先把面盆归纳为长方体，然后再进行绘制。

（2）用铅笔继续刻画画面的结构细节，完成铅笔底稿的绘制。

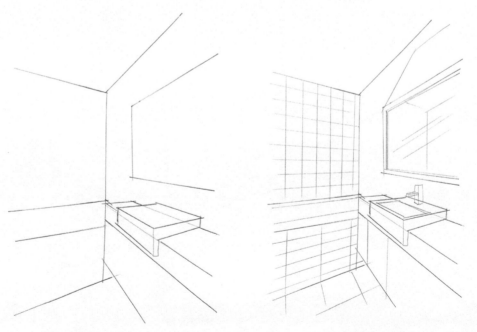

（3）在铅笔稿的基础上，用勾线笔画出陶瓷面盆、浴缸的外形，注意用线要流畅、肯定，转折部位要清晰，注意线条的透视关系。

（4）用橡皮擦去多余的铅笔线，保持画面的整洁。

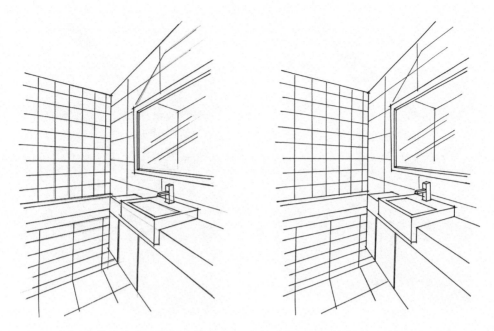

（5）用勾线笔绘制画面的细节纹理，仔细刻画画面的结构细节，为画面添加阴影与暗部，确定画面的明暗关系，完成黑白线稿的绘制。

（6）用 169 号（　　　　）、GG3 号（　　　　）马克笔绘制画面的第一层颜色。

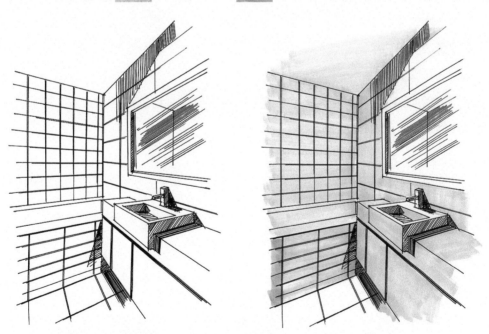

（7）用 CG5 号（　　　　）、WG3 号（　　　　）马克笔刻画墙面与镜框的颜色，用100 号（　　　　）马克笔绘制地面的颜色。

（8）用 144 号（　　　　）、183 号（　　　　）、185 号（　　　　）马克笔绘制镜面的颜色，用 164 号（　　　　）马克笔绘制灯光的颜色；整体调整画面，完成绘制。

6.5.2 浴缸组合

　　浴缸通常装置在家居浴室内，供主人沐浴用。浴室中常见的浴缸有陶瓷的、木材的，甚至还有一些玻璃纤维制造的。浴缸常见的颜色为白色，也有一些其他颜色。手绘浴缸时，要注意表现出它的结构特征与材质特点。

　　【绘制步骤】

　　（1）初学者若把握不住透视关系，可以直接用铅笔绘制浴缸、窗户、挂画、墙体的基本造型。

（2）用铅笔继续刻画画面的细节，完善空间单体物品的组合摆放，完成铅笔底稿的绘制。

（3）在铅笔稿的基础上，用勾线笔画出浴缸、窗户、挂画、墙体、盆景等外形，注意用线流畅、肯定，转折部位要清晰，注意各个部位尺寸之间的关系。

（4）用橡皮擦去多余的铅笔线，保持画面的整洁。

（5）用勾线笔绘制画面的细节纹理，给画面添加阴影与暗部，确定画面的明暗关系，完成黑白线稿的绘制。

（6）用169号（　　　　）马克笔绘制画面的第一层颜色，注意马克笔横向摆笔的笔触。

（7）用136号（　　　　）马克笔绘制浴缸的暗部颜色，用185号（　　　　）马克笔绘制水面和毛巾的颜色，用BG3号（　　　　）马克笔绘制洗漱台上摆件的暗部颜色。

（8）用CG3号（　　　）马克笔绘制挂画框和窗户框的颜色，用175号（　　　）、141号（　　　）、185号（　　　）、145号（　　　）马克笔绘制挂画的颜色。

（9）用167号（　　　）马克笔绘制窗外远景植物的第一层颜色，用175号（　　　）马克笔加重植物的暗部颜色，注意远景植物绘制出大概的明暗即可；用179号（　　　）马克笔绘制远景天空的颜色，用198号（　　　）马克笔丰富画面的色彩，活跃画面的气氛。

（10）用 139 号（　　　）、WG5 号（　　　）马克笔与 476 号（　　　）、425 号（　　　）彩铅加重浴缸、洗漱台、墙面的暗部颜色，增强画面的空间层次；用勾线笔仔细刻画画面的细节，整体调整画面，完成绘制。

6.6 装饰品组合

家居饰品装饰是指装修完毕后，利用那些易更换、易变动位置的饰物与家具，如窗帘、沙发套、靠垫、工艺台布、装饰工艺品等，对室内进行二次陈设与布置。家居饰品作为可移动的装修，更能体现主人的品位，是营造家居氛围的点睛之笔。它打破了传统的装修行业界限，将工艺品、纺织品、收藏品、灯具、花艺、植物等进行重新组合，形成了一个新的理念。

6.6.1 玄关桌装饰品组合

随着人们对审美追求的不断提高，这个以前常被忽视的"门口"如今在设计师的妙笔之下变得更有"面子"，早已不再是简单的进门通道。即使再小的玄关也能够布置写意生动的艺术作品、创意趣味的设计摆件，让玄关更加个性化、生动化。利用美感十足的家具或饰品，也是提升玄关处艺术化的好手段。色彩鲜明的边柜，造型极佳的收纳凳、漂亮生动的灯具，都能增添艺术气质，体现出主人高雅的品位。

【绘制步骤】

（1）初学者若把握不住透视关系，可以直接用铅笔绘制装饰桌、盆景、挂画、装饰摆设的基本造型。

（2）用铅笔继续刻画画面的细节，完善空间单体物品的组合摆放，并仔细刻画装饰桌、装饰陈设、台灯的具体形态，以完成铅笔底稿的绘制。

（3）在铅笔稿的基础上，用勾线笔画出装饰桌、台灯、装饰摆设的外形，注意用线要流畅、肯定，转折部位要清晰，注意各个部位的尺寸要合理。

（4）用橡皮擦去多余的铅笔线，保持画面的整洁。

（5）用勾线笔绘制画面的细节纹理，仔细刻画画面的结构细节，为画面添加阴影与暗部，确定画面的明暗关系，完成黑白线稿的绘制。

（6）用103号（　　　）马克笔绘制装饰桌与花瓶的第一层颜色。

（7）用93号（　　）马克笔加重装饰桌与花瓶的暗部颜色，增强它们的空间立体感。

（8）用 104 号（　　　）马克笔绘制台灯的颜色，用 145 号（　　　）、179 号
（　　　）、CG3 号（　　　）马克笔绘制装饰书本的颜色。

（9）用 WG4 号（⬛）马克笔绘制墙面的颜色，用 WG6 号（⬛）马克笔绘制地面阴影的颜色，注意马克笔笔触的变化。

（10）用 8 号（⬛）、12 号（⬛）马克笔绘制花朵的颜色，丰富画面的色彩，活跃画面的气氛；整体调整画面，完成绘制。

6.6.2 客厅沙发装饰品组合

客厅沙发的装饰品组合可体现整个家居的整体基调。沙发的柔软带来舒适的感受，可以让宾客体验到家的味道，而且搭配上抓人眼球的家居装饰品能够烘托氛围，营造不一样的情调。

【绘制步骤】

（1）初学者若把握不住透视关系，可以直接用铅笔绘制沙发、茶几、墙体的基本造型。在绘制的过程中，可以先把沙发、茶几归纳为两个长方体，然后再进行绘制。

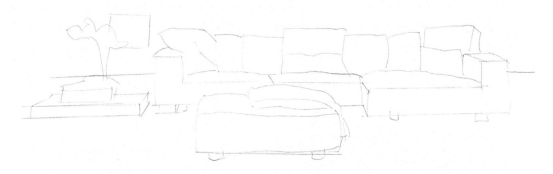

（2）用铅笔继续刻画画面的细节，完善空间单体物品的组合摆放，并仔细刻画沙发、茶几、盆景的具体形态，以完成铅笔底稿的绘制。

（3）在铅笔稿的基础上，用勾线笔画出沙发、茶几、盆景的外形，注意用线要流畅、肯定，转折部位要清晰，注意各个部位的尺寸要合理。

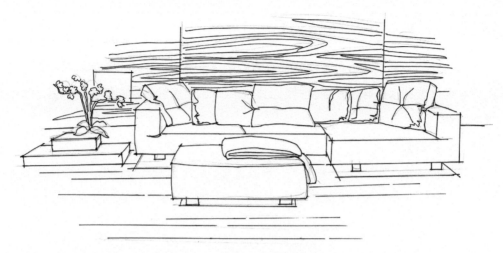

（4）用橡皮擦去多余的铅笔线，保持画面的整洁。

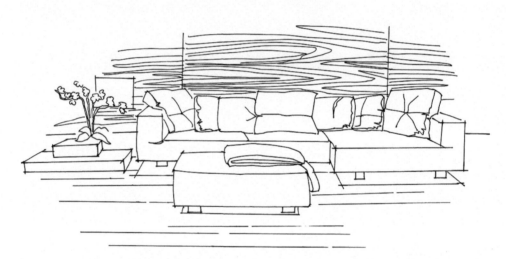

（5）用勾线笔绘制画面的细节纹理，仔细刻画画面的结构细节，为画面添加阴影与暗部，确定画面的明暗关系，完成黑白线稿的绘制。

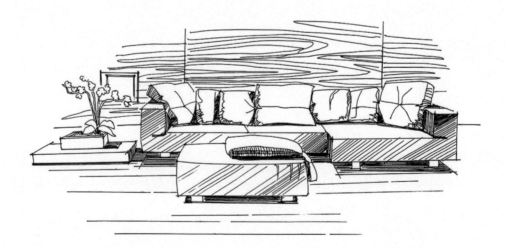

（6）用 104 号（　　　）马克笔绘制沙发与茶几的第一层颜色，注意亮部的留白。

（7）用 100 号（　　　）马克笔加重沙发与茶几的暗部颜色，增强物体的空间立体感。

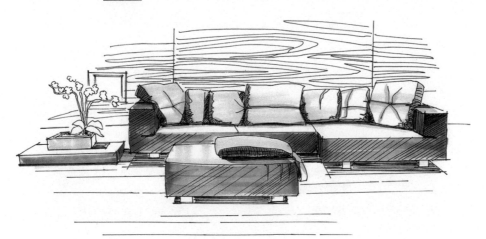

　　（8）用 25 号（　　　）马克笔绘制地面的颜色，用 140 号（　　　）马克笔绘制木质墙面的颜色。

（9）用 172 号（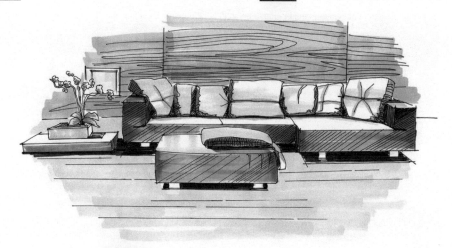）、54 号（　　）马克笔绘制植物的颜色，用 185 号
（　　）马克笔绘制挂画的颜色，用 WG6 号（　　）马克笔绘制地面的阴影。

（10）用 103 号（　　）马克笔加重前面地面的颜色，用 478 号（）彩铅加
重墙体的颜色；整体调整画面，完成绘制。

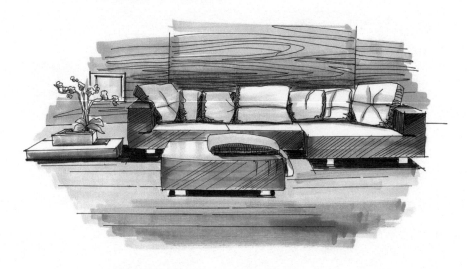

6.7 课后练习

1. 掌握单体组合的搭配原则。

2. 绘制下面图片的手绘效果图。

室内设计局部空间的手绘表现包括客厅、卧室、书房、厨房、餐厅和卫生间局部空间等。本章根据不同的风格分别表现了不同的空间。

室内设计局部表现 第 7 章

7.1 客厅

客厅，是家庭的社交空间，有会客交流、视听休息、文娱活动等功能。在布置上应该以舒适、宽敞为设计原则，不同风格的设计体现着整个居住空间的主题，一般分为中式风格、欧式风格、美式风格、地中海风格等。

7.1.1 欧式田园风格

欧式田园风格在对自然的表现的同时又强调了浪漫与现代流行主义的特点，重在对自然之美的表现。主要的特色在于华美的布艺与纯手工的制作，以及家具的洗白处理及大胆的配色。

【绘制要点】

● 要把握客厅空间的结构特征，表现欧式田园的主题风格；掌握画面整体的透视关系，注意画面中前后物体之间穿插的关系等。

● 整体比例关系要准确，画面的色调要和谐统一。

● 学会利用留白形式完善画面的构图，丰富画面的内容，并加强画面的空间层次。

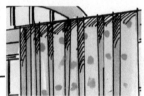

窗帘局部放大图，注意暗部线条的排列。

注意用曲线表现沙发柔软的质感，亮部留白。

【绘制步骤】

（1）根据客厅局部空间的大小确定画面的透视关系，找出消失点适合的位置，用铅笔绘制出空间主体家具大概的外形轮廓线，控制好物体的比例与结构关系。

（2）用铅笔继续刻画画面的细节，完善空间单体物品的摆放，仔细刻画窗户、家具陈设、墙体的具体形态，完成铅笔底稿的绘制。

（3）用勾线笔在铅笔稿的基础上从左往右勾画出物体与空间的结构线，注意结构要把握准确。

（4）用橡皮擦去多余的铅笔线，保持画面的整洁；继续用勾线笔绘制画面的细节纹理，为画面添加阴影与暗部，确定画面的明暗关系，完成黑白线稿的绘制。

（5）用25号（　　　）、179号（　　　）马克笔绘制沙发的第一层颜色，用169（　　　）马克笔绘制地毯的第一层颜色，用25号（　　　）马克笔绘制窗帘的第一层颜色。

（6）用 GG3 号（⬛）马克笔横向摆笔绘制墙面的颜色，用 104 号（⬛）马克笔绘制木质地板的颜色，用 179 号（⬛）马克笔绘制窗户玻璃的颜色，用 25 号（⬛）马克笔继续绘制窗帘的颜色。

（7）用 179 号（⬛）、WG3 号（⬛）马克笔绘制茶几的颜色，用 169 号（⬛）、WG3 号（⬛）马克笔绘制茶几上的物品与后面的挂画的颜色，用 172 号（⬛）马克笔绘制盆栽植物的颜色，用 140 号（⬛）、179 号（⬛）马克

笔绘制最前面摆设的颜色。

（8）进一步刻画画面的细节，用56号（　　）马克笔加重盆栽植物的颜色，用
100号（　　）马克笔加重挂画与茶几上摆设的颜色，用68号（　　）马克笔加重
绿色沙发的暗部颜色，用140号（　　）马克笔加重其他两个沙发的暗部颜色，用58
号（　　）马克笔加重玻璃的颜色，增强画面的空间立体感。

（9）用 8 号（■■■）马克笔绘制窗帘与沙发的图案，用 12 号（■■■）马克笔绘制植物的花朵，丰富画面的内容；用 100 号（■■■）、91 号（■■■）、107 号（■■■）马克笔加重茶几摆设的暗部颜色，用 100 号（■■■）马克笔绘制地面阴影；整体调整画面，完成绘制。

7.1.2　中式风格

中式风格是以宫廷建筑为代表的中国古典建筑的室内装饰设计艺术风格，气势恢弘、壮丽华贵、高空间、大进深、雕梁画栋、金碧辉煌，造型讲究对称，色彩讲究对比，装饰材料以木材为主，图案多龙、凤、龟、狮等，精雕细琢、瑰丽奇巧。现在中式风格更多地利用了后现代手法，把传统的结构形式通过重新设计组合以另一种民族特色的标志符号出现。例如，厅里摆一套仿明清时的红木家具，墙上挂一幅中国山水画等。

【绘制要点】

● 要把握客厅空间的结构特征，表现中式的主题风格；掌握画面整体的透视关系，注意画面中前后物体之间穿插的关系等。

● 整体比例关系要准确，画面的色调要和谐统一。

● 学会利用留白形式完善画面的构图，丰富画面的内容，并加强画面的空间层次。

注意红色与绿色的
对比，活跃画面气氛。

注意用曲线表现靠
垫柔软的质感，亮部
留白。

【绘制步骤】

（1）根据客厅局部空间的大小确定画面的透视关系，找出消失点适合的位置，用铅笔绘制出空间主体家具大概的外形轮廓线，画出空间的整体框架，注意控制好物体的比例与结构关系。

（2）用铅笔继续刻画画面的细节，完善空间单体物品的摆放，仔细刻画家具陈设与墙体的具体形态，完成铅笔底稿的绘制。

（3）用勾线笔在铅笔稿的基础上从左往右勾画出物体与空间的结构线，注意结构要把握准确。

（4）用橡皮擦去多余的铅笔线，保持画面的整洁；继续用勾线笔绘制画面的结构细节，为画面添加阴影与暗部，确定画面的明暗关系，完成黑白线稿的绘制。

（5）用 107 号（　　　）马克笔绘制木质家具的第一层颜色，注意可以采用马克笔平涂的笔触。

（6）用 140 号（　　　）马克笔绘制墙体的颜色，注意马克笔笔触方向的变化。

（7）用 23 号（▭）、8 号（▭）、GG3 号（▭）马克笔绘制摆件的颜色，用 25 号（▭）马克笔绘制墙体的颜色，用 169 号（▭）马克笔绘制挂画的颜色。

（8）用 97 号（▭）、91 号（▭）马克笔加重木质家具的暗部颜色，用 GG5 号（▭）马克笔加重抱枕、台灯与落地灯的暗部颜色，注意颜色的渐变与过渡。

（9）用 97 号（　　　）、172 号（　　　）、56 号（　　　）、8 号（　　　）、12 号
（　　　）马克笔绘制植物的颜色，用 100 号（　　　）、102 号（　　　）马克笔绘制
挂画的颜色，丰富画面的内容。

（10）用 492 号（　　　）、426 号（　　　）彩铅丰富墙体的颜色，用 WG3 号

（　　　）马克笔绘制地面的阴影；整体调整画面，完成绘制。

7.2 卧室

卧室是睡觉、休息的主要场所，具有很强的私密性。要想得到一个好的卧室环境，要从家具形式、家具摆放位置、卧室的色彩、卧室的照明、卧室的绿化等方面来进行分析和解读，来对卧室设计进行探究，从而保证卧室的私密性与舒适性。

7.2.1 时尚酒店卧室

时尚酒店卧室的设计既符合大众的口味，又有它独特的个性，既是一个"公共场所"，也是一个私密性强，令人放松、舒适的空间。

【绘制要点】

● 要把握酒店卧室空间的结构特征，表现时尚的主题风格；掌握画面整体的透视关系，注意画面中前后物体之间穿插的关系等。

- 整体比例关系要准确，画面的色调要和谐统一。
- 学会利用留白形式完善画面的构图，丰富画面的内容，并加强画面的空间层次。

注意用暗部与阴影线条的斜向排列。

注意马克笔扫笔的运用，表现被子柔软的质感，亮部留白。

【绘制步骤】

（1）根据酒店卧室局部空间的大小确定画面的透视关系，找出消失点适合的位置，用铅笔绘制出空间主体陈设大概的外形轮廓线，控制好物体之间的比例与结构关系。

（2）用铅笔继续刻画画面的细节，完善空间单体物品的摆放，仔细刻画窗户、家

具陈设、墙体的具体形态，完成铅笔底稿的绘制。

（3）用勾线笔在铅笔稿的基础上从左往右勾画出物体与空间的结构线，注意结构要把握准确。

（4）用橡皮擦去多余的铅笔线，保持画面的整洁；继续用勾线笔绘制画面的结构

细节与纹理，为画面添加阴影与暗部，确定画面的明暗关系，完成黑白线稿的绘制。

（5）用 163 号（　　　）、GG3 号（　　　）马克笔绘制被子、地面、墙体的第一层颜色，注意马克笔单向摆笔的笔触变化。

（6）用 68 号（　　　）、GG3 号（　　　）马克笔绘制窗户、天花板、床的颜色。

（7）用 140 号（　　　）、68 号（　　　）、35 号（　　　）、166 号（　　　）
马克笔绘制床头挂画的第一层颜色，用 140 号（　　　）马克笔绘制桌子的颜色，用
WG3 号（　　　）马克笔绘制台灯的颜色，用 35 号（　　　）、140 号（　　　）、
WG3 号（　　　）马克笔绘制相框的颜色。

（8）用183号（　　　）、124号（　　　）马克笔加重床的暗部颜色，用97号（　　　）马克笔加重桌子的暗部颜色，用183号（　　　）马克笔加重沙发的暗部颜色，用GG5号（　　　）马克笔加重天花板横梁的颜色，增强画面的空间立体感。

（9）用12号（　　　）、172号（　　　）、56号（　　　）、8号（　　　）、44号（　　　）、23号（　　　）马克笔丰富挂画与抱枕的颜色，用172号（　　　）马克笔绘制窗外的植物，用WG6号（　　　）马克笔加重台灯的暗部颜色，用GG5号（　　　）马克笔绘制地面的阴影；整体调整画面，完成绘制。

7.2.2 欧式家居卧室

欧式风格强调华丽的装饰、浓烈的色彩、精美的造型，以此达到雍容华贵的装饰效果，对自然的表现是欧式田园风格的主要特点。

【绘制要点】

● 要把握家居卧室空间的结构特征，表现欧式的主题风格，掌握画面整体的透视关系，注意画面中前后物体之间穿插的关系等。

● 整体比例关系要准确，画面的色调要和谐统一。

● 学会利用留白形式完善画面的构图，丰富画面的内容，并加强画面的空间层次。

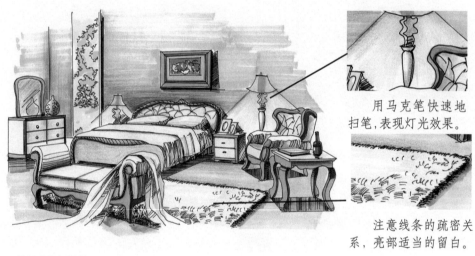

用马克笔快速地扫笔，表现灯光效果。

注意线条的疏密关系，亮部适当的留白。

【绘制步骤】

（1）根据卧室局部空间的大小确定画面的透视关系，找出消失点适合的位置，用铅笔绘制出空间主体陈设大概的外形轮廓线，控制好物体之间的位置、比例与结构关系。

（2）用铅笔继续刻画画面的细节，完善空间单体物品的摆放，仔细刻画家具陈设、墙体的具体形态，完成铅笔底稿的绘制。

（3）用勾线笔在铅笔稿的基础上从左往右勾画出物体与空间的结构线，注意结构要把握准确。

（4）用橡皮擦去多余的铅笔线，保持画面的整洁；继续用勾线笔绘制画面的细节纹理，为画面添加阴影与暗部，确定画面的明暗关系，完成黑白线稿的绘制。

（5）用 164 号（　　　）、140 号（　　　）马克笔绘制家具陈设的第一层颜色。

（6）用 137 号（　　　）马克笔绘制墙体的颜色，用 164 号（　　　）马克笔绘制地毯的颜色，用 25 号（　　　）马克笔绘制地面的颜色。

（7）用 107 号（　　　）、104 号（　　　）马克笔加重家具摆设的暗部颜色，用
179 号（　　　）、58 号（　　　）马克笔绘制墙面挂画的颜色。

（8）用 8 号（　　　）、138 号（　　　）、179 号（　　　）、35 号（　　　）、
140 号（　　　）、WG4 号（　　　）马克笔绘制床头挂画与梳妆台摆设的颜色。

　　（9）用 91 号（　　　）、44 号（　　　）马克笔进一步加重家具的暗部颜色，用 407 号（　　　）、425 号（　　　）彩铅丰富画面的颜色，用 WG3 号（　　　）马克笔绘制地面的阴影，用 499 号（　　　）彩铅加重画面暗部颜色；整体调整画面，完成绘制。

7.3 书房

随着生活品位的提高，书房已经是许多家庭居室中的一个重要组成部分。书房设计一般需保持相对的独立性，配以相应的家具设备，诸如计算机、绘图桌等，以满足使用要求，并以舒适宁静为原则。书房具有中式、欧式等不同的风格。

7.3.1 中式风格

中式书房的设计，品味偏古色古香。传统中式书房从陈设到规划，从色调到材质，都表现出典雅宁静的特征，深得不少现代人的喜爱。因此，在现代家居中，拥有一个"古味"十足的书房、一个可以静心潜读的空间，自然是一种更高层次的享受。

【绘制要点】

● 要把握书房空间的结构特征，表现中式的主题风格；掌握画面整体的透视关系，注意画面中前后物体之间穿插的关系等。

● 整体比例关系要准确，画面的色调要和谐统一。

● 学会利用留白形式完善画面的构图，丰富画面的内容，并加强画面的空间层次。

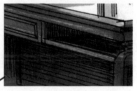

注意暗部线条的排列要与结构线的方向一致。

注意马克笔颜色的渐变与过渡。

【绘制步骤】

（1）根据书房局部空间的大小确定画面的透视关系，找出消失点适合的位置，用铅笔绘制出空间主体家具大概的外形轮廓线，控制好物体的比例与结构关系。

（2）用铅笔继续刻画画面的细节，完善空间单体物品的摆放，仔细刻画书桌、书架、墙体的具体形态，完成铅笔底稿的绘制。

（3）用勾线笔在铅笔稿的基础上从左往右勾画出物体与空间的结构线，注意结构要把握准确。

（4）用橡皮擦去多余的铅笔线，保持画面的整洁；继续用勾线笔绘制画面的细节纹理，为画面添加阴影与暗部，确定画面的明暗关系，完成黑白线稿的绘制。

（5）用 107 号（　　　）马克笔绘制木质书桌与书架的第一层颜色，注意可以采用平涂的笔触。

（6）用 25 号（▩）马克笔绘制墙面与地板的颜色，注意马克笔笔触的变化。

（7）用 8 号（▩）、169 号（▩）马克笔绘制书本与摆件的颜色，用 179 号
（▩）马克笔绘制书架玻璃的颜色，用 GG3 号（▩）马克笔绘制椅子、报纸的颜色。

（8）用 97 号（███）马克笔加重书桌与书架的暗部颜色，用 104 号（███）、140 号（███）马克笔加重墙面的暗部颜色，用 GG5 号（███）马克笔加重椅子、报纸、落地灯的暗部颜色。

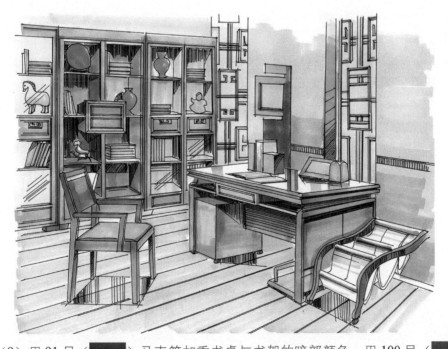

（9）用 91 号（███）马克笔加重书桌与书架的暗部颜色，用 100 号（███）马克笔加重墙体装饰的暗部颜色，用 WG3 号（███）马克笔绘制地面的阴影，增强画面的空间层次；整体调整画面，完成绘制。

7.3.2 欧式复古风格

欧式复古风格主要表现为古典、优雅，一般都体现了一种贵族的高雅、华丽之感，也是一种优美文化的展现。

【绘制要点】

● 要把握书房空间的结构特征，表现欧式复古的主题风格；掌握画面整体的透视关系，注意画面中前后物体之间穿插的关系等。

● 整体比例关系要准确，画面的色调要和谐统一。

● 学会利用留白形式完善画面的构图，丰富画面的内容，并加强画面的空间层次。

注意彩铅颜色的渐变与过渡。

注意阴影的颜色不要画得太满。

【绘制步骤】

（1）根据书房局部空间的大小确定画面的透视关系，找出消失点适合的位置，用铅笔绘制出空间主体家具大概的外形轮廓线，控制好物体的比例与结构关系。

（2）用铅笔继续刻画画面的细节，完善空间单体物品的摆放，仔细刻画书桌、墙体、天花板的具体形态，完成铅笔底稿的绘制。

（3）用勾线笔在铅笔稿的基础上从左往右勾画出物体与空间的结构线，注意结构要把握准确。

（4）用橡皮擦去多余的铅笔线，保持画面的整洁；继续用勾线笔绘制画面的结构细节与纹理，为画面添加阴影与暗部，确定画面的明暗关系，完成黑白线稿的绘制。

（5）用 GG3 号（　　　　）、169 号（　　　　）、179 号（　　　　）马克笔绘制画面的第一层颜色。

（6）用 169 号（　　　　）、145 号（　　　　）、37 号（　　　　）马克笔绘制摆设、天花板、灯具的颜色。

（7）用 GG5 号（⬛）马克笔加重书桌的暗部颜色，用 104 号（▨）、169
号（▨）马克笔加重灯具与摆件的暗部颜色，增强物体的空间立体感。

（8）用 68 号（▨）马克笔加重书架的颜色，用 172 号（▨）、56 号
（⬛）、169 号（▨）、104 号（▨）、138 号（▨）、17 号（▨）
马克笔丰富画面的颜色，活跃画面的气氛。

（9）用 104 号（　　）、12 号（　　）马克笔仔细刻画画框颜色，用 499 号
（　　）彩铅加重地面的暗部颜色；整体调整画面，完成绘制。

 厨房

厨房的空间设计体现了居住者的生活品位，设计厨房时要充分利用空间，增加整个厨房的趣味性、变化性。厨房的设计风格一般包括乡村田园风格、简约风格等。

7.4.1　乡村田园风格

在厨房设计的诸多风格中，朴素、宁静甚至带有些许土气的"乡村派"设计成为现在的潮流。乡村风格的厨房橱柜多以实木为主，因为它更接近自然，材质以松木、橡木等最为经典。

【绘制要点】
● 要把握厨房空间的结构特征，表现乡村的主题风格；掌握画面整体的透视关系，注意画面中前后物体之间穿插的关系等。
● 整体比例关系要准确，画面的色调要和谐统一。

● 学会利用留白形式完善画面的构图，丰富画面的内容，并加强画面的空间层次。

用马克笔竖向笔触绘制地面反光。

注意布艺纹理的绘制，使用自然的曲线。

【绘制步骤】

（1）根据厨房局部空间的大小确定画面的透视关系，找出消失点适合的位置，用铅笔绘制出空间主体陈设大概的外形轮廓线，控制好物体的比例与结构关系。

（2）用铅笔继续刻画画面的细节，完善空间单体物品的摆放，仔细刻画餐桌、厨具、墙体的具体形态，完成铅笔底稿的绘制。

（3）用勾线笔在铅笔稿的基础上从左往右勾画出物体与空间的结构线，注意结构要把握准确。

（4）用橡皮擦去多余的铅笔线，保持画面的整洁；继续用勾线笔绘制画面的细节

纹理，为画面添加阴影与暗部，确定画面的明暗关系，完成黑白线稿的绘制。

（5）用 103 号（　　　）、25 号（　　　）马克笔绘制厨房木质材料的第一层颜色。

（6）用 8 号（　　　）、12 号（　　　）马克笔绘制布艺的颜色，用 44 号（　　　）、68 号（　　　）、58 号（　　　）马克笔绘制橱柜的颜色，注意马克笔笔触的变化。

（7）用 141 号（   ）、183 号（   ）、179 号（   ）、GG3 号（   ）
马克笔绘制厨具的颜色，用 172 号（   ）马克笔绘制植物的颜色。

（8）用 100 号（   ）马克笔（竖线摆笔）绘制木质地板的颜色，用 102 号

（　　　）马克笔加重木质材料的暗部颜色，用 GG3 号（　　　）马克笔加重厨具的暗部颜色，增强画面的空间立体感。

（9）用 58 号（　　　）马克笔绘制植物的暗部颜色，用 179 号（　　　）、58 号

（　　　）马克笔绘制橱柜玻璃的颜色，用 WG4 号（　　　）马克笔绘制画面的暗部与阴影；整体调整画面，完成绘制。

7.4.2 简约风格

简约设计中现代感的墙面结合天然的材质，呈现出自然、简洁的空间特点。原生态的墙面设计、木质餐桌，让使用者在制作美食的空间里回归到自然。

【绘制要点】

● 要把握厨房空间的结构特征，表现简约的主题风格；掌握画面整体的透视关系，注意画面中前后物体之间穿插的关系等。

● 整体比例关系要准确，画面的色调要和谐统一。

● 学会利用留白形式完善画面的构图，丰富画面的内容，并加强画面的空间层次。

砖块纹理的表现，注意近大远小的透视关系。

注意马克笔颜色的渐变与过渡。

【绘制步骤】

（1）根据厨房局部空间的大小确定画面的透视关系，找出消失点适合的位置，用铅笔绘制出空间主体陈设大概的外形轮廓线，控制好物体的比例与结构关系。

（2）用铅笔继续刻画画面的细节，完善空间单体物品的摆放，仔细刻画餐桌、厨具、墙体的具体形态，完成铅笔底稿的绘制。

（3）用勾线笔在铅笔稿的基础上从左往右勾画出物体与空间的结构线，注意结构要把握准确。

（4）用橡皮擦去多余的铅笔线，保持画面的整洁；继续用勾线笔绘制画面的细节纹理，为画面添加阴影与暗部，确定画面的明暗关系，完成黑白线稿的绘制。

（5）用 BG1 号（　　　　）、GG3 号（　　　　）、167 号（　　　　）、36 号（　　　　）马克笔绘制画面的第一层颜色，注意马克笔笔触的变化。

（6）用 GG3 号（　　　）马克笔绘制橱柜的颜色，用 35 号（　　　）、9 号（　　　）、58 号（　　　）、68 号（　　　）、179 号（　　　）马克笔绘制餐桌椅与桌面上摆设的颜色，丰富画面的色彩。

（7）用 9 号（　　　）、88 号（　　　）、85 号（　　　）、172 号（　　　）、46 号（　　　）、43 号（　　　）、58 号（　　　）马克笔绘制花瓶与植物、餐具与椅子的颜色。

（8）用GG5号（■）马克笔进一步加重橱柜与墙体的暗部，用9号（■）、88号（■）、83号（■）、169号（■）、104号（■）马克笔绘制厨具的颜色；整体调整画面，完成绘制。

7.5　餐厅

　　餐厅在居室设计中虽然不是重点，但却是不可缺少的组成部分。餐厅的装饰具有很大的灵活性，可以根据不同家庭的爱好以及特定的居住环境做成不同的风格，创造出各种情调和气氛，如地中海风格、欧式田园风格等。

7.5.1　地中海风格

　　地中海风格一般以白色与蓝色为主要基调，表现出一种临近大海的气氛，给人舒适、清新、明亮的感觉。

【绘制要点】

● 要把握餐厅空间的结构特征，表现地中海的主题风格；掌握画面整体的透视关系，注意画面中前后物体之间穿插的关系等。

● 整体比例关系要准确，画面的色调要和谐统一。

● 学会利用留白形式完善画面的构图，丰富画面的内容，并加强画面的空间层次。

注意天花板结构线条的透视关系。

局部放大图，注意桌面反光的绘制。

【绘制步骤】

（1）根据餐厅局部空间的大小确定画面的透视关系，找出消失点适合的位置，用铅笔绘制出空间主体餐桌大概的外形轮廓线，控制好物体的比例与结构关系。

（2）用铅笔继续刻画画面的细节，完善空间单体物品的摆放，仔细刻画窗户、家具陈设、墙体、天花板的具体形态，完成铅笔底稿的绘制。

（3）用勾线笔在铅笔稿的基础上从左往右勾画出物体与空间的结构线，注意结构要把握准确。

（4）用橡皮擦去多余的铅笔线，保持画面的整洁；继续用勾线笔绘制画面的细节纹理，为画面添加阴影与暗部，确定画面的明暗关系，完成黑白线稿的绘制。

（5）用 GG3 号（███）、169 号（███）马克笔绘制画面的第一层颜色，注意马克笔笔触的变化。

（6）用 183 号（███）、179 号（███）马克笔绘制画面的蓝色条纹，表现出地中海风格（蓝色）的主要色调；用 179 号（███）马克笔绘制远处窗户的颜色。

（7）用 23 号（ ）、12 号（ ）、9 号（ ）马克笔丰富画面的颜色，点亮画面；用 GG3 号（ ）、GG5 号（ ）马克笔绘制墙体并加重暗部颜色。

（8）用 58 号（ ）马克笔绘制窗外远景，用 103 号（ ）马克笔绘制地面的阴影，用 64 号（ ）、GG5 号（ ）、104 号（ ）、25 号（ ）马克笔加重画面的暗部颜色；整体调整画面，完成绘制。

7.5.2 欧式田园风格

欧式田园风格设计在造型方面的主要特点是：曲线趣味、非对称法则、色彩柔和艳丽、崇尚自然等。它在设计上讲求心灵的自然回归感，使人感受到一种扑面而来的浓郁气息。把一些精细的后期配饰融入设计风格之中，充分体现设计师和业主追求的那种安逸、舒适的生活氛围。

【绘制要点】

● 要把握餐厅空间的结构特征，表现欧式田园的主题风格；掌握画面整体的透视关系，注意画面中前后物体之间穿插的关系等。

● 整体比例关系要准确，画面的色调要和谐统一。

● 学会利用留白形式完善画面的构图，丰富画面的内容，并加强画面的空间层次。

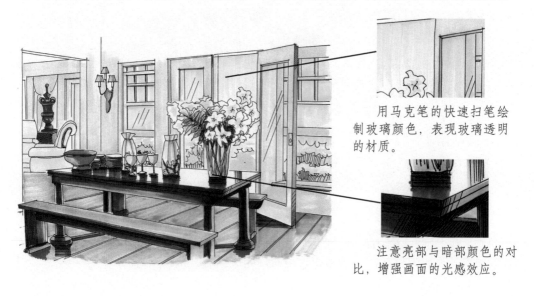

用马克笔的快速扫笔绘制玻璃颜色，表现玻璃透明的材质。

注意亮部与暗部颜色的对比，增强画面的光感效应。

【绘制步骤】

（1）根据餐厅局部空间的大小确定画面的透视关系，找出消失点适合的位置，用铅笔绘制出空间主体餐桌大概的外形轮廓线，控制好物体的比例与结构关系。

（2）用铅笔继续刻画画面的细节，完善空间单体物品的摆放，仔细刻画窗户、家具陈设、墙体的具体形态，完成铅笔底稿的绘制。

（3）用勾线笔在铅笔稿的基础上从左往右勾画出物体与空间的结构线，注意结构要把握准确。

（4）用橡皮擦去多余的铅笔线，保持画面的整洁；继续用勾线笔绘制画面的细节纹理，为画面添加阴影与暗部，确定画面的明暗关系，完成黑白线稿的绘制。

（5）用107号（）马克笔绘制木质餐桌与地板的颜色，用25号（　　　）马克笔绘制墙面与门窗的颜色。

（6）用144号（　　　）、25号（　　　）、166号（　　　）、172号（　　　）、34号（　　　）马克笔绘制餐桌摆设的颜色，丰富画面的色彩。

（7）用 102 号（███）、97 号（███）马克笔加重餐桌的暗部颜色，用 140 号（███）、12 号（███）、56 号（███）、43 号（███）马克笔加重餐桌上摆设的颜色，用 179 号（███）马克笔绘制远处沙发的颜色，增强画面的空间立体感。

（8）用 175 号（███）、163 号（   ）马克笔绘制屋外植物的颜色，用 179 号（███）、68 号（███）马克笔绘制门窗玻璃的颜色；仔细刻画画面的细节，整体调整画面，完成绘制。

7.6 卫生间

时代在变，家居观念在变，卫浴空间早已突破其单纯的洗浴功能，升华为人们释放压力、放松身心的场所。卫生间的设计风格一般包括现代简约风格、地中海风格等。

7.6.1 现代简约风格

简约的卫生间设计，给人干净明亮的感觉，陶瓷材质的浴缸，清新自然的气息迎面扑来，让人释放一天的烦恼与疲惫。简单的设计同样可以给人最舒适的享受。

【绘制要点】

● 要把握卫生间空间的结构特征，表现现代简约的主题风格；掌握画面整体的透视关系，注意画面中前后物体之间穿插的关系等。

● 整体比例关系要准确，画面的色调要和谐统一。

● 学会利用留白形式完善画面的构图，丰富画面的内容，并加强画面的空间层次。

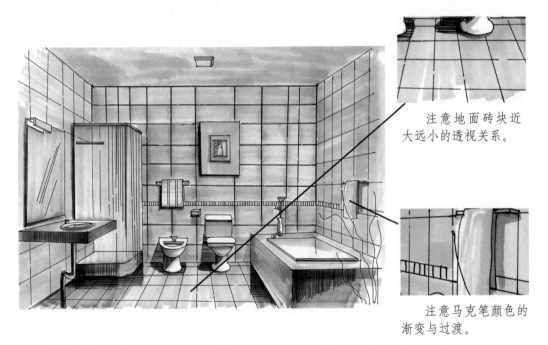

注意地面砖块近大远小的透视关系。

注意马克笔颜色的渐变与过渡。

【绘制步骤】

（1）根据卫生间局部空间的大小确定画面的透视关系，找出消失点适合的位置，用铅笔绘制出空间主体物大概的外形轮廓线，控制好物体的比例与结构关系。

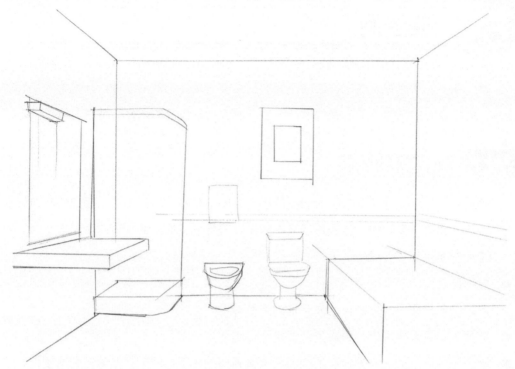

（2）用铅笔继续刻画画面的细节，仔细刻画洗漱台、马桶、墙体的具体形态，完成铅笔底稿的绘制。

（3）用勾线笔在铅笔稿的基础上从左往右勾画出物体与空间的结构线，注意结构要把握准确。

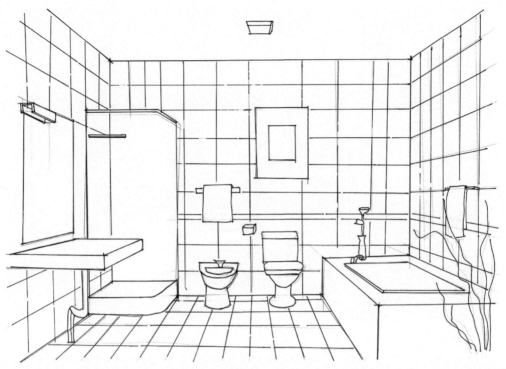

（4）用橡皮擦去多余的铅笔线，保持画面的整洁；继续用勾线笔绘制画面的细节纹理，为画面添加阴影与暗部，确定画面的明暗关系，完成黑白线稿的绘制。

（5）用 BG3 号（　　　）、144 号（　　　）马克笔绘制画面的第一层颜色，注意马克笔笔触方向的变化。

（6）用 BG3 号（ ）、BG5 号（ ）马克笔加重画面的暗部颜色，增强画面的空间立体感；用 144 号（ ）、145 号（ ）、164 号（ ）马克笔绘制镜面与毛巾的颜色，丰富画面的色彩。

（7）用 183 号（ ）、56 号（ ）、BG5 号（ ）马克笔加重画面的颜色，注意马克笔扫笔笔触的运用。

（8）用 140 号（　　　）马克笔加重毛巾的暗部颜色，用 CG6 号（　　　）马克笔绘制地面的阴影；整体调整画面，完成绘制。

7.6.2 | 地中海风格

地中海风格的设计一般都会有大片的蓝色，表现出一种临近大海的气氛，给人舒适、清新、明亮的感觉。

【绘制要点】

● 要把握卫生间空间的结构特征，表现地中海的主题风格；掌握画面整体的透视关系，注意画面中前后物体之间穿插的关系等。

● 整体比例关系要准确，画面的色调要和谐统一。

● 学会利用留白形式完善画面的构图，丰富画面的内容，并加强画面的空间层次。

在蓝色中适当地添加暖色，丰富画面的色彩。

用马克笔揉笔带点的笔触绘制窗外的远景，表现植物自然的形态。

【绘制步骤】

（1）根据卫生间局部空间的大小确定画面的透视关系，找出消失点适合的位置，用铅笔绘制出空间主体物大概的外形轮廓线，控制好物体的比例与结构关系。

（2）用铅笔继续刻画画面的细节，仔细刻画洗漱台、马桶、墙体的具体形态，完成铅笔底稿的绘制。

（3）用勾线笔在铅笔稿的基础上从左往右勾画出物体与空间的结构线，注意结构要把握准确。

（4）用橡皮擦去多余的铅笔线，保持画面的整洁；继续用勾线笔绘制画面的细节纹理，为画面添加阴影与暗部，确定画面的明暗关系，完成黑白线稿的绘制。

（5）用144号（　　　　）、169号（　　　　）、25号（　　　　）马克笔绘制画面的第一层颜色，注意马克笔笔触的运用。

（6）用 169 号（　　　）、36 号（　　　）马克笔绘制窗帘、镜框、毛巾的颜色，用 CG2 号（　　　）马克笔绘制马桶、浴缸、墙、顶的颜色，注意笔触方向的变化。

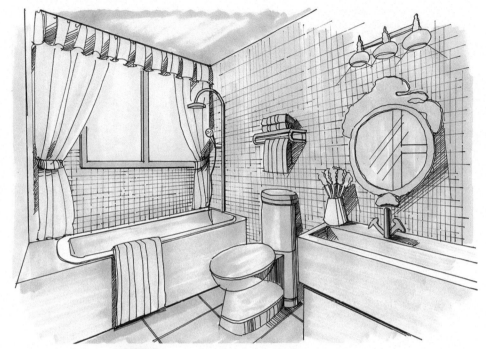

（7）用 100 号（　　　）马克笔加重窗帘、毛巾、镜框、灯具的颜色，用 175 号（　　　）、179 号（　　　）马克笔绘制窗户的颜色，用 76 号（　　　）马克笔加重墙面的颜色，增强画面的空间立体感。

（8）用 138 号（）马克笔丰富墙面的颜色，用 BG3 号（　　　　）、BG5 号
（　　　　）马克笔加重画面的暗部颜色；整体调整画面，完成绘制。

7.7 课后练习

1. 掌握室内设计的不同设计风格的特征，了解东西方设计风格的区别。

2. 绘制下面不同风格图片的手绘效果图。

室内设计手绘综合表现应该将重点放在造型、色彩和质感的表现上。造型是空间设计的基础，即运用透视规律来表现物体的结构，搭建空间框架。在实际设计表现中，要根据效果图的不同用处，来选择复杂与概括的表现方法，以便更清楚地表达设计者的设计构想。色彩是体现设计理念、丰富画面的重要手段。一般效果图的色彩应力求简洁、概括、生动，减少色彩的复杂程度。质感指对材料的色泽、纹理、软硬、轻重、温润等特性把握的感觉，并由此产生的一种对材质特征的真实把握和审美感受。

室内设计手绘综合表现　第 8 章

8.1 家居空间

室内设计中的家居空间包括卧室、书房、客厅、餐厅、卫生间、玄关等。随着生活节奏的变快，人们需要能放松身心、调节心态的居住环境，而这样的家居空间设计风格趋向实用、简约、自然而环保。

8.1.1 卧室

卧室，又被称作卧房，分为主卧和次卧，是供人睡觉、休息或进行活动的房间，直接影响到人们的生活、工作和学习。因此，在设计时，人们首先应注重实用，其次是装饰。在风水学中，卧室的格局是非常重要的一环，卧室的布局直接影响一个家庭的幸福、身体健康等诸多元素。

【绘制要点】

● 要把握卧室空间的结构特征，掌握画面整体的透视关系，注意画面中前后物体之间穿插的关系等。

● 整体比例关系要准确，画面的色调要和谐统一。

● 学会利用留白形式完善画面的构图，丰富画面的内容，并加强画面的空间层次。

用自然的曲线绘制枕头的暗部线条，上色时注意马克笔颜色的渐变与过渡。

注意马克笔扫笔笔触的运用。

【绘制步骤】

（1）根据卧室空间的大小确定画面的透视关系，找出消失点适合的位置，用铅笔

绘制出空间主体家具大概的外形轮廓线，控制好物体的比例与结构关系。

（2）用铅笔继续刻画画面的细节，完善空间单体物品的摆放，仔细刻画窗户、家具陈设、墙体的具体形态，完成铅笔底稿的绘制。

（3）用勾线笔在铅笔稿的基础上从左往右勾画出物体与空间的结构线，注意结构要把握准确。

（4）用橡皮擦去多余的铅笔线，保持画面的整洁。

（5）用勾线笔绘制画面的结构细节，为画面添加阴影与暗部，确定画面的明暗关系，完成黑白线稿的绘制。

（6）用36号（ ）、169号（ ）马克笔绘制墙面的颜色，用25号（ ）马克笔绘制地面的颜色，注意马克笔笔触的变化。

（7）用 175 号（　　）马克笔绘制床、窗帘布艺的颜色，用 36 号（　　）马克笔绘制床头柜的颜色，用 103 号（　　）马克笔绘制躺椅的颜色，用 GG3 号（　　）、WG2 号（　　）马克笔绘制柜子与镜框的颜色。

（8）用 GG5 号（　　）、WG6 号（　　）马克笔加重柜子与椅子的暗部，用 140 号（　　）、183 号（　　）马克笔绘制装饰摆设的颜色。

（9）用7号(　　　)马克笔加重装饰、灯具的暗部颜色，用41号(　　　)马克笔加重摆设的暗部，用WG4号（　　　）马克笔绘制地面的阴影，增强画面的空间立体感；整体调整画面，完成绘制。

8.1.2　书房

书房是作为阅读、书写以及业余学习、研究、工作的空间。特别是从事文教、科技、艺术工作的工作者必备的活动空间。它既是办公室的延伸，又是家庭生活的一部分。书房的双重性使其在家庭环境中处于一种独特的地位。

【绘制要点】

● 要把握书房空间的结构特征，表现书房的主题风格；掌握画面整体的透视关系，注意画面中前后物体之间穿插的关系等。

● 整体比例关系要准确，画面的色调要和谐统一。

● 学会利用留白形式完善画面的构图，丰富画面的内容，并加强画面的空间层次。

用竖向的笔触绘制玻璃材质。

绘制地面的阴影颜色，注意不要画得太满。

【绘制步骤】

（1）根据书房空间的大小确定画面的透视关系，找出消失点适合的位置，用铅笔绘制出空间主体家具大概的外形轮廓线，控制好物体的比例与结构关系。

（2）用铅笔继续刻画画面的细节，完善空间单体物品的摆放，仔细刻画窗户、家具陈设、墙体、地面的具体形态，完成铅笔底稿的绘制。

　　（3）用勾线笔在铅笔稿的基础上从左往右勾画出物体与空间的结构线，注意结构要把握准确。

　　（4）用橡皮擦去多余的铅笔线，保持画面的整洁。

（5）用勾线笔绘制画面的结构细节与纹理，为画面添加阴影与暗部，确定画面的明暗关系，完成黑白线稿的绘制。

（6）用 25 号（   ）马克笔绘制天花板，用 34 号（   ）马克笔绘制墙体，用 100 号（   ）马克笔绘制地面，注意马克笔笔触的变化。

（7）用 WG3 号（　　　）、140 号（　　　）、136 号（　　　）马克笔绘制家具的第一层颜色，用 140 号（　　　）马克笔绘制地毯的颜色，用 9 号（　　　）马克笔绘制窗帘的颜色，用 144 号（　　　）马克笔绘制玻璃的颜色。

（8）用 WG6 号（　　　）马克笔加重书桌、柜子的暗部颜色，用 100 号（　　　）

马克笔绘制茶几与墙体的暗部颜色，用9号（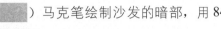）马克笔绘制沙发的暗部，用84号（）马克笔绘制窗帘的暗部，用76号（）马克笔绘制玻璃的暗部。

（9）用172号（）、56号（）马克笔绘制植物的颜色，用34号（）马克笔绘制吊灯的颜色，用34号、11号（）、64号（）、76号（）马克笔绘制书本的颜色，丰富画面的颜色。

（10）用 34 号（███）马克笔绘制灯光的颜色，用 140 号（███）马克笔加重地毯前面的颜色，加强画面的空间进深感；用 WG6 号（███）马克笔绘制地面的阴影，注意颜色不要涂得太满；整体调整画面，完成绘制。

8.1.3 客厅

客厅作为家庭的门面，其装饰风格已经趋于多元化、个性化，它的功能也越来越多，同时具有会客、展示、娱乐、视听等功能。客厅布置的类型也可多种多样，有各种风格和格调。选用柔和的色彩、小型的灯饰、布质的装饰品都能体现出一种温馨的感觉；而选用夸张的色彩、式样新颖的家具、金属的饰物就能体现出另类的风格。

【绘制要点】

● 要把握客厅空间的结构特征，表现客厅的主题风格；掌握画面整体的透视关系，注意画面中前后物体之间穿插的关系等。

● 整体比例关系要准确，画面的色调要和谐统一。

● 学会利用留白形式完善画面的构图，丰富画面的内容，并加强画面的空间层次。

注意马克笔揉笔带点笔触的运用，表现自然的植物。

注意线条的疏密关系与马克笔颜色的渐变。

【绘制步骤】

（1）根据客厅空间的大小确定画面的透视关系，找出消失点适合的位置。

（2）用铅笔绘制出空间主体家具大概的外形轮廓线，控制好物体的比例与结构关系。

（3）用铅笔继续刻画画面的细节，完善空间单体物品的摆放，仔细刻画窗户、家具陈设、墙体的具体形态，完成铅笔底稿的绘制。

（4）用勾线笔在铅笔稿的基础上从左往右勾画出物体与空间的结构线，注意结构要把握准确。

（5）用橡皮擦去多余的铅笔线，保持画面的整洁。

（6）用勾线笔绘制画面的细节纹理，仔细刻画画面的结构细节，为画面添加阴影与暗部，确定画面的明暗关系，完成黑白线稿的绘制。

（7）用 140 号（░░░）马克笔绘制地面的颜色，用 25 号（░░░）、137 号（░░░）马克笔绘制天花板与墙顶的颜色，注意马克笔笔触的变化。

（8）用 97 号（░░░）马克笔绘制木质材料的颜色，用 144 号（░░░）马克笔绘制玻璃的颜色。

（9）用 140 号（　　　）马克笔绘制沙发、落地灯的颜色，用 136 号（　　　）、84 号（　　　）马克笔绘制花朵的颜色，用 172 号（　　　）、46 号（　　　）马克笔绘制植物叶子的颜色，用 97 号（　　　）马克笔绘制木质材料的颜色，丰富画面的颜色。

（10）用 121 号（　　　）马克笔加重灯具的暗部，用 97 号（　　　）马克笔绘制藤筐的颜色，用 172 号（　　　）、46 号（　　　）马克笔绘制抱枕的颜色，用 WG3 号

（　　　　）马克笔绘制地面的阴影。

（11）用175号（　　　　）马克笔绘制窗外的景色，用WG6号（　　　　）马克笔加重地面的阴影，增强画面的空间进深感；整体调整画面，完成绘制。

8.1.4 餐厅

餐厅是一个家庭感情交流的空间，忙碌的一天过后，晚餐时间是家人团聚的时刻，这个空间不能局促、狭窄，不应该弄成快餐厅。宽敞、明亮、舒适的餐厅是一个家庭必不可少的。

【绘制要点】

● 要把握餐厅空间的结构特征，表现餐厅的主题风格；掌握画面整体的透视关系，注意画面中前后物体之间穿插的关系等。

● 整体比例关系要准确，画面的色调要和谐统一。

● 学会利用留白形式完善画面的构图，丰富画面的内容，并加强画面的空间层次。

注意绘制纹路线条的透视关系，用线要自然流畅。

注意马克笔揉笔带点笔触的运用，表现自然的植物。

【绘制步骤】

（1）根据餐厅空间的大小确定画面的透视关系，找出消失点适合的位置。

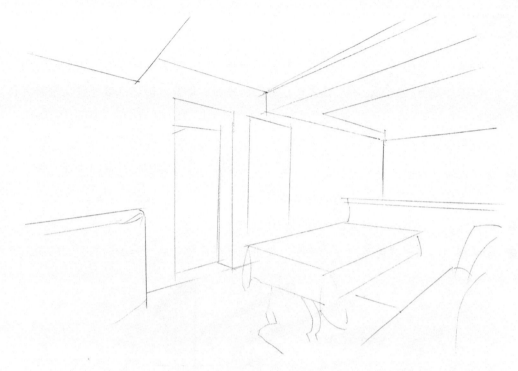

（2）用铅笔绘制出空间餐具、灯具、天花板等大概的外形轮廓线，控制好物体的比例与结构关系。

（3）用铅笔继续刻画画面的细节，完善空间单体物品的摆放，仔细刻画墙体、餐桌、天花板的具体形态，完成铅笔底稿的绘制。

（4）用勾线笔在铅笔稿的基础上从左往右勾画出物体与空间的结构线，注意结构要把握准确。

（5）用橡皮擦去多余的铅笔线，保持画面的整洁。

（6）用勾线笔绘制画面的结构细节，为画面添加阴影与暗部，确定画面的明暗关系，完成黑白线稿的绘制。

（7）用141号（　　　）、CG2号（　　　）马克笔绘制天花板与墙体的颜色，用140号（　　　）马克笔绘制布艺的颜色，用34号（　　　）马克笔绘制地面的颜色。

（8）用 25 号（　　　）马克笔绘制砖块墙面的颜色，用 175 号（　　　）、107 号
（　　　）马克笔绘制木质材料的颜色。

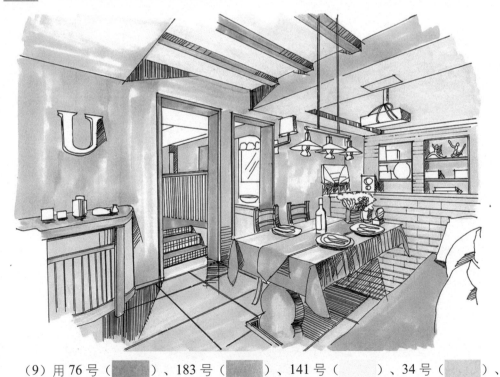

（9）用 76 号（　　　）、183 号（　　　）、141 号（　　　）、34 号（　　　）、
175 号（　　　）、84 号（　　　）、85 号（　　　）马克笔绘制餐桌上摆设的颜色，
丰富画面的色彩。

（10）用 91 号（████）马克笔绘制木质材料的暗部颜色，用 CG4 号（████）
马克笔绘制墙体的暗部，增强画面的空间立体感。

（11）用 91 号（████）马克笔绘制桌布与沙发布艺的纹理，用 WG6 号
（████）马克笔绘制地面的阴影；整体调整画面，完成绘制。

8.1.5 卫生间

卫浴空间是居住者最私密、最放松的场所，可以帮助人们消除疲劳，身心得到放松。个性化的创意卫浴设计在功能上满足了人们的身心需求，外观上又体现了人们独特的品位与气质。

【绘制要点】

● 要把握卫生间空间的结构特征，表现卫生间的主题风格，掌握画面整体的透视关系，注意画面中前后物体之间穿插的关系等。

● 整体比例关系要准确，画面的色调要和谐统一。

● 学会利用留白形式完善画面的构图，丰富画面的内容，并加强画面的空间层次。

注意竖向笔触的运用，表现材质的质感。

注意亮部的留白，增强物体的立体感。

【绘制步骤】

（1）根据卫生间空间的大小确定画面的透视关系，找出消失点适合的位置。

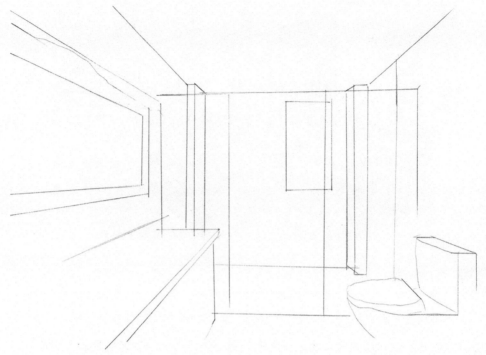

（2）用铅笔绘制出卫生间空间物体大概的外形轮廓线与墙面砖块的结构，注意控制好画面的透视、比例与结构关系。

（3）用铅笔继续刻画画面的结构细节，仔细刻画洗漱台、地面、墙体的具体形态，完成铅笔底稿的绘制。

（4）用勾线笔在铅笔稿的基础上从左往右勾画出物体与空间的结构线，注意结构要把握准确。

（5）用橡皮擦去多余的铅笔线，保持画面的整洁。

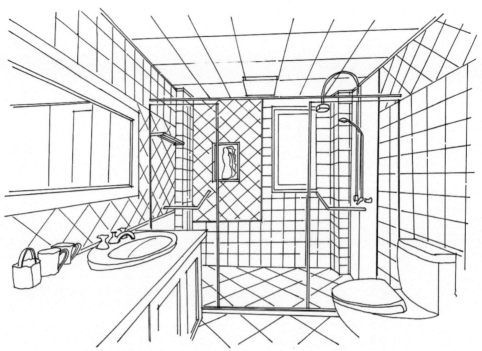

（6）用勾线笔绘制画面的细节纹理，仔细刻画画面的结构细节，为画面添加阴影与暗部，确定画面的明暗关系，完成黑白线稿的绘制。

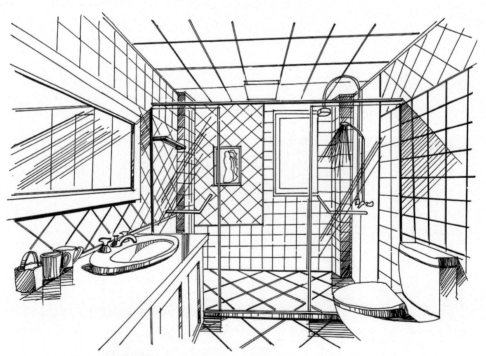

（7）用 97 号（████）马克笔绘制木质材料的颜色，用 140 号（████）马克笔绘制地面与墙面的颜色，注意马克笔笔触的变化。

（8）用 144 号（　　　）马克笔绘制镜面材质的颜色，用 34 号（　　　）马克笔
绘制洗漱台的亮部颜色，用 WG3 号（　　　）马克笔绘制马桶与面盆的颜色。

（9）用 WG4 号（　　　）、97 号（　　　）马克笔加重墙面的暗部，用 31 号
（　　　）马克笔绘制地面的第二层颜色。

（10）用 76 号（　　　）马克笔绘制镜面材质的暗部，用 147 号（　　　）、34 号
（　　　）马克笔绘制挂画的颜色，用 WG6 号（　　　）马克笔加重马桶与洗漱台的暗
部，增强画面的空间立体感；整体调整画面，完成绘制。

8.1.6 / 玄关

玄关泛指厅堂的外门，在现代家居中，玄关是开门的第一道风景，室内的一切精彩被掩藏在玄关之后，在走出玄关之前，所有短暂的想象都有可能成为现实。在住宅设计中，玄关面积虽然不大，但使用频率较高，是进出住宅的必经之处。

【绘制要点】

● 要把握玄关空间的结构特征，表现玄关的主题风格，掌握画面整体的透视关系，注意画面中前后物体之间穿插的关系等。

● 整体比例关系要准确，画面的色调要和谐统一。

● 学会利用留白形式完善画面的构图，丰富画面的内容，并加强画面的空间层次。

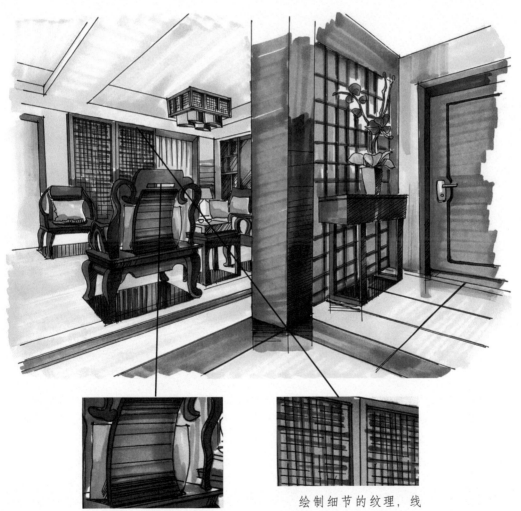

注意马克笔笔触的方向要与结构线一致。

绘制细节的纹理，线条可分段绘制，这样画面不会显得太死板。

【绘制步骤】

（1）根据玄关空间的大小确定画面的透视关系，找出消失点适合的位置。

（2）用铅笔绘制出空间主体家具大概的外形轮廓线，控制好物体的比例与结构关系。

（3）用铅笔继续刻画画面的细节，完善空间单体物品的摆放，仔细刻画装饰桌、

家具陈设、墙体的具体形态，完成铅笔底稿的绘制。

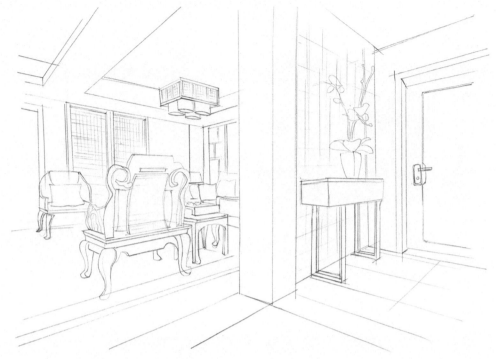

（4）用勾线笔在铅笔稿的基础上从左往右勾画出物体与空间的结构线，注意结构要把握准确。

（5）用橡皮擦去多余的铅笔线，保持画面的整洁。

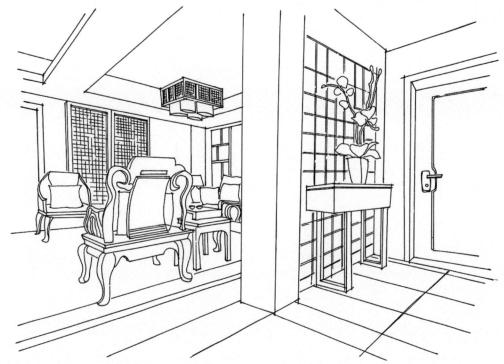

（6）用勾线笔绘制画面的细节纹理，仔细刻画画面的结构细节，为画面添加阴影与暗部，确定画面的明暗关系，完成黑白线稿的绘制。

（7）用 100 号（⬚⬚⬚）马克笔绘制木质材质的第一层颜色，注意马克笔笔触方向的变化。

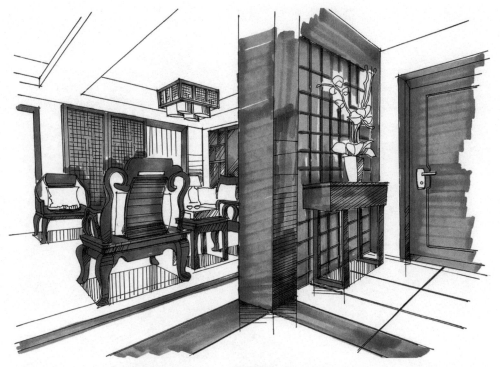

（8）用 145 号（　　　）、34 号（　　　）马克笔绘制地面的颜色，用 137 号
（　　　）、145 号（　　　）马克笔绘制墙顶的颜色。

（9）用 140 号（　　　）、88 号（　　　）马克笔绘制抱枕的颜色，用 17 号
（　　　）、88 号（　　　）、84 号（　　　）、172 号（　　　）、56 号（　　　）马

克笔绘制植物的颜色，丰富画面的颜色，活跃画面的气氛。

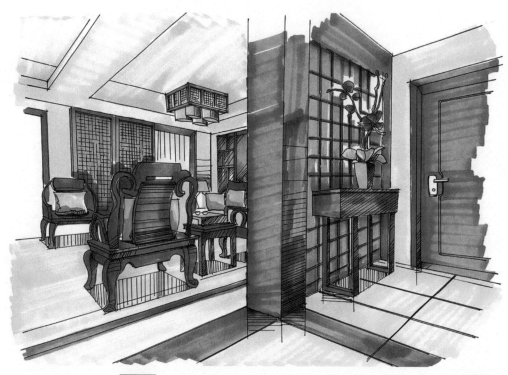

（10）用95号（■■■）马克笔加重木椅与木质屏风的暗部颜色，用183号（　　　）、76号（　　　）、144号（　　　）马克笔绘制窗户的颜色，用WG4号（　　　）、WG6号（■■■）马克笔绘制地面的阴影；整体调整画面，完成绘制。

8.2 办公空间

办公空间具有不同于普通住宅的特点，它由办公、会议、走廊三个区域构成内部空间使用的功能。办公空间的最大特点就是公共化，这个空间要照顾到多个员工的审美需要和功能要求。

8.2.1 经理办公室

经理办公室室内设计所确定的风格，选用的色调和材料，即室内整体的风格品位，也能从侧面反映机构、企业形象和个人的修养。经理办公室的设计要求结合空间性质和特点组织好办公空间的区域划分，创造出一个既富有个性又具有内在魅力的温馨办公场所。

【绘制要点】

● 要把握经理办公室空间的结构特征，表现经理办公室的主题风格，掌握画面整体的透视关系，注意画面中前后物体之间穿插的关系等。

● 整体比例关系要准确，画面的色调要和谐统一。

● 学会利用留白形式完善画面的构图，丰富画面的内容，并加强画面的空间层次。

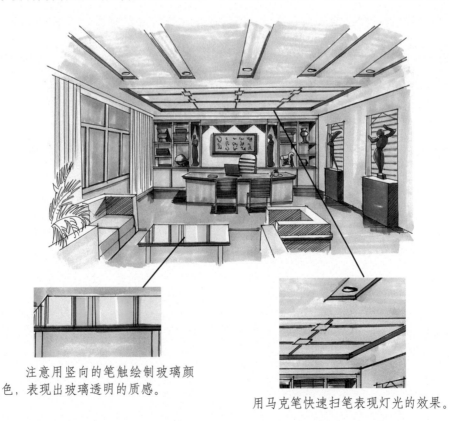

注意用竖向的笔触绘制玻璃颜色，表现出玻璃透明的质感。

用马克笔快速扫笔表现灯光的效果。

【绘制步骤】

（1）根据经理办公室空间的大小确定画面的透视关系，找出消失点适合的位置，用铅笔绘制出空间主体家具大概的外形轮廓线，控制好物体的比例与结构关系。

（2）用铅笔继续刻画画面的细节，完善空间单体物品的摆放，仔细刻画窗户、家具陈设、墙体的具体形态，完成铅笔底稿的绘制。

（3）用勾线笔在铅笔稿的基础上从左往右勾画出物体与空间的结构线，注意结构要把握准确。

（4）用橡皮擦去多余的铅笔线，保持画面的整洁。

（5）用勾线笔绘制画面的细节纹理，仔细刻画画面的结构细节，为画面添加阴影

与暗部，确定画面的明暗关系，完成黑白线稿的绘制。

（6）用 CG3 号（　　　）马克笔绘制地面颜色，用 97 号（　　　）、38 号
（　　　）马克笔绘制书架与书桌的颜色。

（7）用 CG2 号（　　　）马克笔绘制墙面的颜色，用 144 号（　　　）马克笔绘

制窗户玻璃的颜色，用 38 号（　　　　）马克笔绘制窗帘的颜色，用 WG2 号（　　　　）马克笔绘制地毯的颜色。

　　（8）用 167 号（　　　　）、58 号（　　　　）马克笔绘制茶几的颜色，用 25 号（　　　　）、140 号（　　　　）马克笔绘制沙发的颜色，用 CG6 号（　　　　）马克笔绘制椅子的颜色。

（9）用 100 号（░░░░）、34 号（░░░░）、9 号（░░░░）、121 号（░░░░）、102 号（░░░░）、183 号（░░░░）、144 号（░░░░）、76 号（░░░░）马克笔绘制装饰物体的颜色，丰富画面的色彩。

（10）用 37 号（░░░░）马克笔绘制灯光的颜色，用 76 号（░░░░）马克笔加重玻璃的颜色，用 CG3 号（░░░░）马克笔绘制地面的阴影；整体调整画面，完成绘制。

8.2.2 会议室

会议室是指供开会用的房间,一般房间里有一张大的会议桌作为会议之用。会议室的种类有剧院式的、茶馆式的,还有回字形的、U字形的。

【绘制要点】

● 要把握会议室空间的结构特征,表现会议室的主题风格,掌握画面整体的透视关系,注意画面中前后物体之间穿插的关系等。

● 整体比例关系要准确,画面的色调要和谐统一。

● 学会利用留白形式完善画面的构图,丰富画面的内容,并加强画面的空间层次。

用艳丽的颜色绘制植物,点亮画面。　　　　注意明暗关系的对比,增强体积感。

【绘制步骤】

(1)根据会议室空间的大小确定画面的透视关系,找出消失点适合的位置,用铅笔绘制出会议桌、椅子大概的外形轮廓线,控制好物体的比例与结构关系。

（2）用铅笔继续刻画画面的细节，完善空间单体物品的摆放，仔细刻画会议桌、墙体的具体形态，完成铅笔底稿的绘制。

（3）在铅笔稿的基础上，用勾线笔画出会议桌、椅子、装饰摆设的外形，注意用线要流畅、肯定，转折部位要清晰；注意各个部位尺寸之间的关系要把握准确。

（4）用橡皮擦去多余的铅笔线，保持画面的整洁。

（5）用勾线笔绘制画面的结构细节与纹理，为画面添加阴影与暗部，确定画面的明暗关系，完成黑白线稿的绘制。

（6）用 140 号（　　　　）马克笔绘制地面的颜色，用 107 号（　　　　）马克笔绘制木质墙面的颜色，用 34 号（　　　　）马克笔绘制墙面与天花板的颜色。

（7）用 164 号（　　　　）马克笔绘制椅子的颜色，用 58 号（　　　　）马克笔绘制会议桌的颜色，用 WG3 号（　　　　）马克笔绘制桌子的暗部。

（8）用 91 号（■）、95 号（■■）马克笔绘制墙面与地板的暗部，用 100 号

（■）马克笔绘制天花板的颜色，用 34 号（□）马克笔加重椅子的暗部，用

57 号（□）马克笔加重桌子的暗部，增强画面的空间立体感。

（9）用 172 号（   ）、56 号（   ）、12 号（   ）马克笔绘制植物的颜色，用 144 号（   ）、67 号（   ）马克笔绘制杯子的颜色，丰富画面的色彩。

（10）用 WG4 号（   ）马克笔绘制画面的暗部，用 WG6 号（   ）马克笔加重地面的阴影；整体调整画面，完成绘制。

办公前台

　　办公空间的最大特点就是公共化，办公前台的设计更要照顾到多个员工以及客户的审美需要和功能要求。

　　【绘制要点】

● 要把握办公前台空间的结构特征，表现办公前台的主题风格，掌握画面整体的透视关系，注意画面中前后物体之间穿插的关系等。

● 整体比例关系要准确，画面的色调要和谐统一。

● 学会利用留白形式完善画面的构图，丰富画面的内容，并加强画面的空间层次。

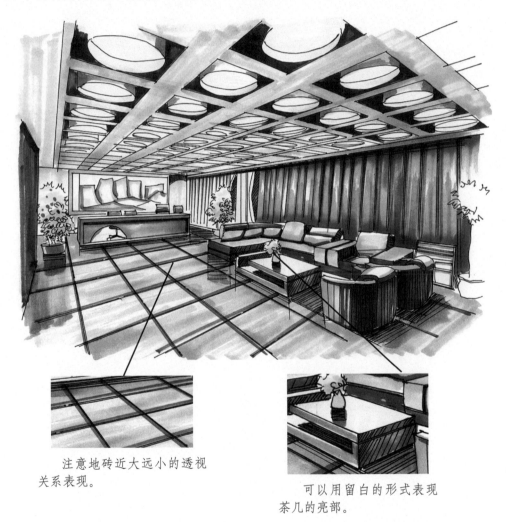

注意地砖近大远小的透视
关系表现。

可以用留白的形式表现
茶几的亮部。

　　【绘制步骤】

　　（1）根据办公前台空间的大小确定画面的透视关系，找出消失点适合的位置，用铅笔绘制出前台空间大概的外形轮廓线，注意控制好物体的比例与结构关系。

（2）用铅笔继续刻画画面的细节，完善空间物体的摆放，仔细刻画天花板、家具陈设、前台、墙体的具体形态，完成铅笔底稿的绘制。

（3）在铅笔稿的基础上，用勾线笔画出前台、天花板、家具摆设的外形，注意用线要流畅、肯定，转折部位要清晰；注意各个部位尺寸之间的关系要把握准确。

（4）用橡皮擦去多余的铅笔线，保持画面的整洁。

（5）用勾线笔绘制画面的细节纹理，仔细刻画画面的结构细节，为画面添加阴影与暗部，确定画面的明暗关系，完成黑白线稿的绘制。

（6）用 WG2 号（　　　　）马克笔绘制地面与天花板的颜色，用 141 号（　　　　　）马克笔绘制木质墙面的颜色，注意马克笔笔触的变化。

（7）用 144 号（　　　　）马克笔绘制挂画的颜色，用 107 号（　　　　）、141 号（　　　　）马克笔绘制沙发与茶几的第一层颜色。

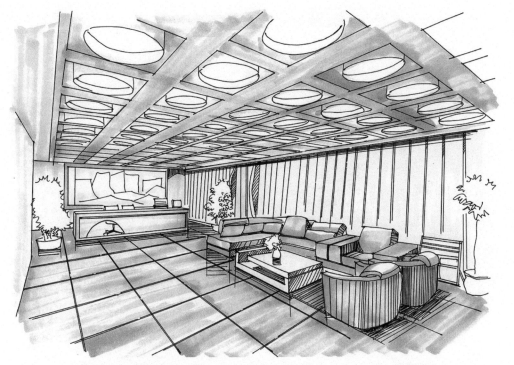

（8）用 172 号（　　　）马克笔绘制植物的颜色，用 38 号（　　　　）马克笔绘制灯光的颜色，用 GG3 号（　　　）马克笔绘制挂画的颜色。

（9）用 WG4 号（　　　）、WG6 号（　　　）马克笔绘制地面与天花板的暗部，用 46 号（　　　）马克笔加重植物的暗部，用 100 号（　　　）马克笔绘制木质墙体与

茶几的暗部颜色，用 95 号（████）马克笔绘制沙发的暗部，增强画面的空间立体感。

（10）用 12 号（████）马克笔丰富画面的色彩，用 WG4 号（████）马克笔绘制地面的阴影；整体调整画面，完成绘制。

8.3 商业空间

商业空间是人类活动最复杂、最多元的空间类别之一。从广义上可以把商业空间定义为所有与商业活动有关的空间形态；从狭义上可以定义为当前社会商业活动中所需的空间，即实现商品交换、满足消费者需求、实现商品流通的空间环境。其实，从狭义上理解商业空间也包含诸多的内容和设计对象，如酒店大堂、KTV 包间及专卖店橱窗等。

8.3.1 酒店大堂

酒店大堂实际上是门厅、总服务台、休息厅、大堂吧、楼（电）梯厅、餐饮和会议的前厅，其中最重要的是门厅和总服务台。有的酒店不设中庭或四季庭，而将大堂面积适当扩大，特别是休息厅和大堂宜增加面积，并适当布置水池、喷泉和绿化。

【绘制要点】

● 要把握酒店大堂空间的结构特征，表现酒店大堂的主题风格，掌握画面整体的透视关系，注意画面中前后物体之间穿插的关系等。

● 整体比例关系要准确，画面的色调要和谐统一。

● 学会利用留白形式完善画面的构图，丰富画面的内容，并加强画面的空间层次。

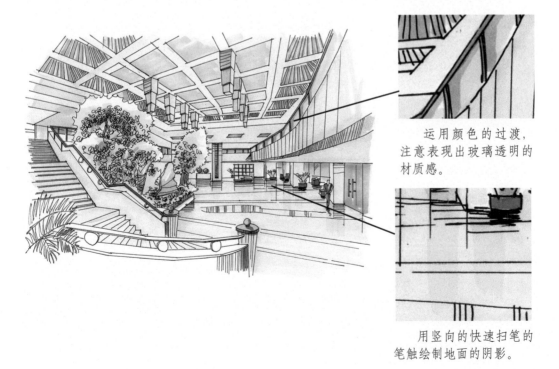

运用颜色的过渡，注意表现出玻璃透明的材质感。

用竖向的快速扫笔的笔触绘制地面的阴影。

【绘制步骤】

（1）根据酒店大堂空间的大小确定画面的透视关系，找出消失点适合的位置，用铅笔绘制出空间结构大概的外形轮廓线，控制好物体的比例与结构关系。

（2）用铅笔继续刻画画面的细节，完善空间单体物品的绘制，仔细刻画天花板、楼梯、墙体、植物的具体形态，完成铅笔底稿的绘制。

（3）用勾线笔在铅笔稿的基础上从左往右勾画出物体与空间的结构线，注意结构要把握准确。

（4）用橡皮擦去多余的铅笔线，保持画面的整洁。

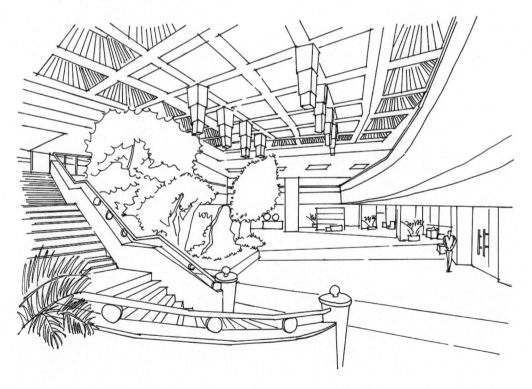

（5）用勾线笔绘制画面的结构细节，为画面添加阴影与暗部，确定画面的明暗关系，完成黑白线稿的绘制。

（6）用164号（　　　　）、36号（　　　　）马克笔绘制画面的第一层颜色，注意马克笔笔触的变化。

（7）用 37 号（　　　）马克笔绘制灯光的颜色，用 144 号（　　　）马克笔绘制天花板顶玻璃的颜色，用 167 号（　　　）马克笔绘制植物的第一层颜色。

（8）用 48 号（　　　）马克笔绘制墙面的颜色，用 CG2 号（　　　）马克笔绘制金属材质的颜色。

（9）用44号（　　　）马克笔加重植物的颜色，用100号（　　　）马克笔加重灯具的颜色，用76号（　　　）马克笔加重玻璃的颜色，用36号（　　　）马克笔加重天花板的颜色。

（10）用12号（　　　）、23号（　　　）、34号（　　　）、46号（　　　）马克笔丰富画面的色彩，活跃画面的气氛；整体调整画面，完成绘制。

8.3.2　KTV 包间

KTV 就是卡拉 OK，用于练歌娱乐、朋友聚会、家庭团聚、同学 Party、生日庆祝等，一般消费都比较平民化。包间里面的装修豪华，注重各种灯光的设计。KTV 的设计理念主要是从科学化、人性化阐述设计对于人文文化的重要性。

【绘制要点】

● 要把握 KTV 包间空间的结构特征，表现 KTV 包间的主题风格，掌握画面整体的透视关系，注意画面中前后物体之间穿插的关系等。

● 整体比例关系要准确，画面的色调要和谐统一。

● 学会利用留白形式完善画面的构图，丰富画面的内容，并加强画面的空间层次。

注意地面曲线的透视关系。

墙面装饰细节局部放大图。

【绘制步骤】

（1）根据 KTV 包间的大小确定画面的透视关系，找出消失点适合的位置，用铅笔绘制出空间主体陈设大概的外形轮廓线，控制好物体的比例与结构关系。

（2）用铅笔继续刻画画面的细节，完善空间单体物体的绘制，仔细刻画沙发、茶几、天花板、墙体的具体形态，完成铅笔底稿的绘制。

（3）用勾线笔在铅笔稿的基础上从左往右勾画出物体与空间的结构线，注意结构要把握准确。

（4）用橡皮擦去多余的铅笔线，保持画面的整洁。

（5）继续用勾线笔绘制画面的细节纹理，仔细刻画画面的结构细节，为画面添加阴影与暗部，确定画面的明暗关系，完成黑白线稿的绘制。

（6）用 147 号（□□□）马克笔绘制画面的第一层颜色，注意马克笔笔触的变化。

（7）用 9 号（□□□）马克笔绘制墙面装饰的颜色，用 31 号（□□□）马克笔绘制抱枕与茶几的颜色。

　　（8）用 84 号（⬛）、100 号（⬜）马克笔加重画面的暗部颜色，增强画面的空间立体感。

　　（9）用 84 号（⬛）、83 号（⬛）马克笔加重画面的暗部，用 91 号（⬛）马克笔绘制壁灯画的颜色。

（10）用 84 号（　　　）、83 号（　　　）马克笔绘制结构线的暗部与地面的纹理；整体调整画面，完成绘制。

8.3.3 专卖店橱窗

橱窗是展示品牌形象的窗口，好的橱窗设计更是服装品牌的无声广告。服装店橱窗一般用来展览本店具有特色的服装，表现了一个服装专卖店的品牌特色与主体。

【绘制要点】

● 要把握专卖店橱窗空间的结构特征，表现专卖店橱窗的主题风格，掌握画面整体的透视关系，注意画面中前后物体之间穿插的关系等。

● 整体比例关系要准确，画面的色调要和谐统一。

● 学会利用留白形式完善画面的构图，丰富画面的内容，并加强画面的空间层次。

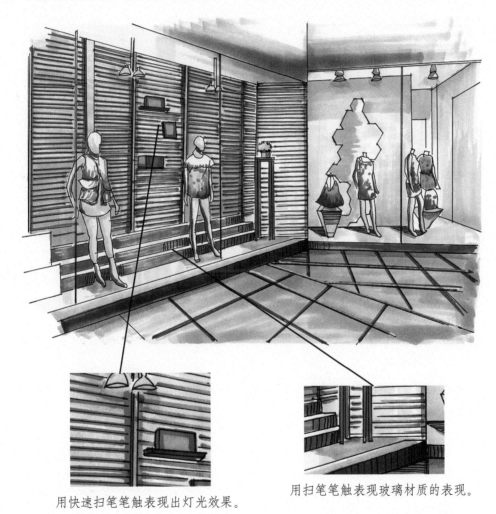

用快速扫笔笔触表现出灯光效果。　　　　用扫笔笔触表现玻璃材质的表现。

【绘制步骤】

（1）根据橱窗的大小确定画面的透视关系，找出消失点适合的位置，用铅笔绘制出空间主体家具大概的外形轮廓线，控制好物体的比例与结构关系。

（2）用铅笔继续刻画画面的细节，完善空间单体物品的摆放，仔细刻画模特、装饰陈设、墙体的具体形态，完成铅笔底稿的绘制。

（3）用勾线笔在铅笔稿的基础上从左往右勾画出物体与空间的结构线，注意结构要把握准确。

（4）用橡皮擦去多余的铅笔线，保持画面的整洁。

（5）用勾线笔绘制画面的结构细节，为画面添加阴影与暗部，确定画面的明暗关系，完成黑白线稿的绘制。

（6）用 WG3 号（⬛）马克笔绘制地面，用 25 号（⬛）、9 号（⬛）、34 号（⬛）、CG2 号（⬛）马克笔绘制墙壁的第一层颜色，注意马克笔笔触的变化。

（7）用 140 号（⬛）、WG6 号（⬛）、CG6 号（⬛）、100 号（⬛）、

12号（）马克笔加重画面的颜色。

（8）用164号（　　　）、163号（　　　）、9号（　　　）、84号（　　　）、85号（　　　）、100号（　　　）、172号（　　　）、56号（　　　）马克笔绘制橱窗模特服装的色彩，用12号（　　　）、CG6号（　　　）马克笔加重墙壁的纹理。

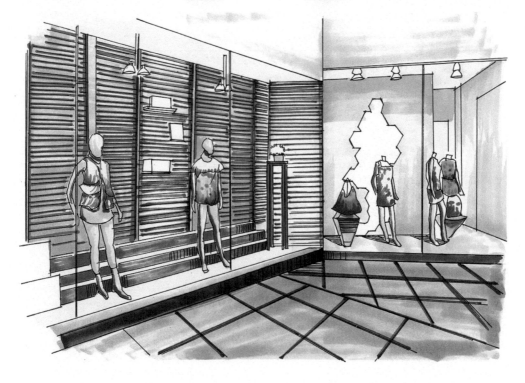

（9）用 144 号（　　　）、145 号（　　　）、25 号（　　　）、34 号（　　　）马克笔丰富墙面的颜色，用 34 号（　　　）马克笔绘制灯光的颜色。

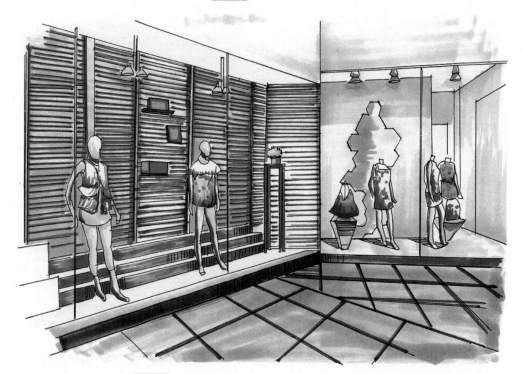

（10）用 67 号（　　　）马克笔丰富玻璃的颜色，注意马克笔扫笔笔触的运用；整体调整画面，完成绘制。

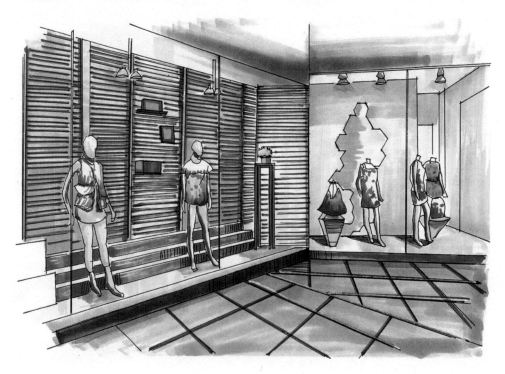

8.4 课后练习

1.临摹大师手绘效果图，如图一与图二所示。

图一 沙沛作品

图二 沙沛作品

2. 绘制图片手绘效果图，如图三与图四所示。

图三

图四

前面各章讲解了室内空间设计效果图的综合表现，本章将提供一些黑白线稿与马克笔上色稿供读者临摹学习，以便更好地绘制出优秀的效果图。

作品欣赏

第 9 章

范例一

范例二

范例三

范例四

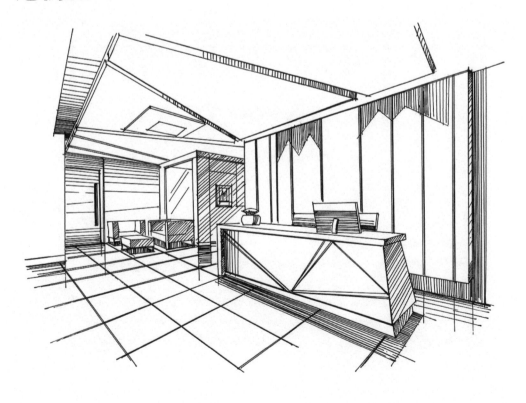

范例五

范例六

范例七

范例八